セミナー・知を究める5

日本農業改造論

―悲しきユートピア―

神門善久著

ミネルヴァ書房

日本農業改造論——悲しきユートピア

目次

序　土作り名人の遺言——農家はだいたい嘘つきだ

ドン・キホーテの気分になって、私は毎週のように農業観察に出かける。ボロボロの買い物袋に長靴とウインドブレーカーと作業帽を詰め込んでいく。夏は携帯蚊取り器、冬は使い捨て懐炉がこれに加わる。北海道から沖縄まで、佐渡や小笠原や奄美や熊毛といった離島にも行く。水稲、果樹、園芸、……、作物にもいろいろあるがとくに対象を固定しない。

農業を論じるものは、農地の見方を知らなくてはならない。人間はしばしば嘘をつく。重要な問題ほど、真実を隠したがる。しかし、作物は嘘をつけない。農地やその周囲で何が起きてきたかを、作物の生育状況から把握しなければならない。

農地を見て、何が栽培され、どういう生育状況かを把握するのはもちろん、とことん観察する。農家の庭先、農道脇の雑草、周囲の地形と植生などだ。それらを総合すれば、農地でどういう人為が働いてきたかを推定することができる。ちょうどスポーツ選手が相手の構えだけで、技量やそれまでのトレーニングを察知するように、農業を語る人間は農地を見た瞬間にいろいろなことが見抜けなくてはならない。

農家さんにお会いしてお話を伺うことはもちろんある。その際、気にするのは農家さんが何を話すかではなく、何を話さないかだ。農家さんに限らず、人間は、大切な情報ほど秘匿する傾向がある。それは私自身についてもまったくあてはまる。ただ、農業の場合、嘘がばれにくい。商工業であれば財務諸表から詳細な経営状態が把握できるが、農業には財務諸表が整備されていなかったり、かりにある場合でも、家畜の健康状態や農地の肥沃度などについては客観的な資産評価が難しかったりするからだ。圃場は監視されているわけではないから証拠も残りにくい。

だが、農家さんが何かを隠したり、誇張をしたりしたとしても、それを責めてはいけない。真実を見抜けないようでは、だまされるほうが悪い。農地の観察で把握した情報と農家さんの話を注意深く照合して、矛盾がないかを探らなくてはならない。それができないのなら、農業を語る資格なぞない。どんなに頻繁に見学に出かけようが、どんなにいろいろな人に会おうが、農地の見方を知らないのであれば、何の意味もない。

農地の見方や、農家さんへの接し方で、私が模範としているのが、二〇一三年に逝去された小久保秀夫さんだ。「土作り名人」と呼ばれ、早くに農業経営をご長男に譲り、日本内外での農業指導にたくさんの時間を費やした。小久保さんの晩年の五年間、私はとことん、小久保さんにつきまとった。小久保さんは気ムズカシイところがあって、私とはそりが合わなかった（もっとも、私自身も気ムズカシイので、だれが相手でも、そりの合わないことは珍しくないが）。私自身、そのときは何のために小久保さんをひたすら追っかけていたのかわからなかった。決して意図していたのではないのだが、結果的には、小久保さんの立ち振る舞いから、農業を見聞するときの心構えを感じ取る機会になった。

小久保さんは日本農業に対してシビアな見方をしていた。有機栽培とか六次産業化とか、お題目ばかり立派で、土作りの仕方が間違いだらけだったり、病害虫の発生に対処できなかったり、でたらめな農業が増え、それなのにマスコミや研究者が「ストーリー」を仕立ててちやほやする。そういう風潮を小久保さんは憂えていた。

小久保さんは「農家はだいたい嘘つきだ」と断じる。農地や集落を観察し、そこで何が起きているのかをズバズバと的中させる。目下の作物がどのように栽培されてきたかはもちろんのこと、この農地の前作は何であったかとか、何年ぐらい同じ人が耕作していたのかとか、集落でどういう人間関係が成立しているかとか、過去にどういう災害があったかとか、まさに千里眼だ。

もちろん、小久保さんは農家さんの話も聞くが、どこが本当でどこが嘘かはすぐに見破る。嘘のつき方から、農家さんの技能や意欲を把握する。そして栽培現場でおきている問題の根本要因をつきとめ、対策を指示する。厳密に言えば、指示ではなく、農家の技能に応じて、解決に向けてのヒントを与える。

小久保さんの栽培指導は厳しい。「栽培には人間性が現れる」とだけ言って、指導を見送ることもある。目先の利益に走る農家さんを嫌う。その一方、ひたむきな農家さんには、作物に対してと同様に、深い愛情を注ぐ。

小久保さんが最初に私に会ったとき、憤怒して「神門は農家に連れていくような人間ではない」と即座にダメ出しをした。私の内面の傲慢さを即座に見抜いたのだろう。確かに、私は傲慢な人間だ。

自分では家畜も作物も育てられず、さしたる学術的実績もない中途半端な人間にもかかわらず、「先生」と言われることに慣れきっている。つい、自分のほうが世間一般よりも高みにあるという慢心を抱いてしまう。

人前で傲慢になってはいけないと言い聞かせながらも、根が傲慢だからすぐに露呈する。私の傲慢さが災いして、取材に協力してもらえなくなることはしょっちゅうある。その都度、反省するのだが、何度も同じことを繰り返す。天国の小久保さんは、きっと苦笑いをしながら私を見ているだろう。

小久保さんが逝去されて八年になる。残念ながら、作物がきちんと栽培できていないのに、「ストーリー」や補助金でごまかすという風潮は強まる一方だ。日本農業はハリボテ化し、生ける屍（要するにゾンビ）へとまっしぐらだ。困ったことに、農業者も消費者もそういう厳しい現実に向き合おうとしない。本来ならば警告を発するべき報道界も学界も、大衆迎合してハリボテ化の片棒担ぎをしている。

本書では日本農業がいまや破滅（ないしゾンビ状態）の寸前まできていることを示し、その背後にあるメカニズムを解明する。それと同時に、かすかに残る一条の希望の光を最終章で15の提言としてまとめる。本書は破滅の予告と転生の可能性を記録したもので、いわば日本農業の黙示録だ。

第1章　新日本農業紀行

1　上海農業の矛盾は他山の石か?

まず、あえて日本ではなく、上海の農業の話から始めよう。以下を読むと、「上海の農業者も消費者も、ひどく歪んでいる」という印象を持つだろう。では、日本では同じようなことが起きていないのかを考えて欲しい。

上海は国際的な大都市として急発展を遂げており、中国の活力の象徴といえよう。上海の経済発展の主力は商工業だが、近郊農業にも興味深い展開がある。そのひとつがイチゴ栽培の盛況だ。

上海近郊を自動車で走ると、道路端に仮店舗が並び、イチゴが山盛りにして売られている。買い求めると、きれいな化粧箱に入れて渡される。その化粧箱には、有機栽培と表示してあることもある。しかし、この表示を信じる人は少ない。露天商の不正表示を取り締まるのは困難だからだ（これは中国だけではなく日本でも同じだ）。

中国は、日本と並んで農薬大国といわれる。出荷直前まで大量に農薬を使用し、それが一般に流通している青果物に危険なレベルで残留しているのではないかという疑いが根強い。上海市民の間でも「野菜をよく洗ってから食べないと農薬中毒を起こす」などという冗談とも本気ともつかない話をしばしば耳にする。

ニューリッチたちに人気の会員制農園

こういう状況では、安全・安心な農産物が手に入るならば高い値段を払ってもかまわないと考える人々が、当然、あらわれる。上海に勃興するニューリッチたちは、まさにそうだ。ニューリッチに人気の会員制農園があると聞いた。高額の会費を徴収しているが、安全・安心な青果物を会員のために栽培しているという。

二〇一三年の夏、そういう会員制農園のひとつを見学に行く機会を得た。上海に長く暮らしている日本人駐在員が連れて行ってくれた。その会員制農園は、壁で囲まれており、人や物の出入りを管理している。見学者はまず事務棟に通されるのだが、どの職員も折り目正しい。ここまで外来者に清涼感と安心感を与える職場は日本国内でもなかなかみつけにくいだろう。私は職員が使っているトイレや休憩室がみたいと唐突に要求したが、包み隠さずみせてくれた。隅々まで整理整頓してあって、労務管理が行き届いていることを察した。聞けば、農園の現場責任者は、以前、大きな裁縫工場で労務管理をしていたそうだ。おそらくそのときの手腕が買われてこの農園に雇われたのだろう。

さすがに人気の農園だと思いながら、事務棟を出ていよいよ圃場に向かう。すると、事務棟での印象とまったく異なる光景に出くわす。イチゴをはじめとする作物がどれもこれもあまりに生育不良なのだ。私の作物に対する観察眼は主として日本で培ったものだから、上海にあてはめることには慎重であるべきことは重々承知だ。だが、作物の色や形状がどうみても病んでいる。これでは、作物の味も栄養価も落ちる。

その一方で、たしかに農薬を使った形跡はない。また、有機肥料と称して、農園のかたすみで雑草を枯らして圃場に施している。しかし有機肥料の作り方の基本ができておらず、これでは「有機肥料もどき」だ。こんなことをしていては、数年のうちに、地力を消耗して、何も作物を育てられなくなるかもしれない。

聞けば、地力消耗はすでに起きているとのことだ。その都度、別のところから土を運びこむという。しかし、それは土の採掘場所の環境を破壊することを意味する。

栽培の粗雑さとは対照的に、この農園の会員向けサービスは手厚い。作物を会員向けに売るだけではなく、会員の家族たちを招いて、バーベキュー・パーティーをひんぱんに催す。参加の子供たちに、農場の人たちは、無農薬だからそのまま捥いで食べても大丈夫だと告げる。たしかに、食べて毒というわけではないし、出来の悪い作物でも、新鮮であれば、そこそこの味はする。

この農園はミツバの対日輸出もしている。ただし、このミツバも出来がよくない。そもそも、かりにミツバのような軟弱なものを少ロットで輸出しても、輸送や検疫の経費がかさむばかりで、かりにどんなに出来のよいミツバを生産しても赤字は必至だ。それでも輸出をする理由は、この農園の作物が日本の消費者にも喜ばれているという「物語」を会員たちに宣伝したいというねらいだろう。

農業は娯楽事業？

なぜ、作物の出来が悪いのにこの農園はニューリッチの間で大人気なのか？　おそらくニューリッチたちの大多数は農業の経験がない。学歴や所得は高いかもしれないが、作物の生育不良や環境破壊を感知する能力は低い。そのため、頭でっかち的に「無農薬ならば安全・安心」と思い込んでいるのではないか。作業員たちの接客態度のよさが、その思い込みをより強くするだろう。ちなみに、この農園のオーナーは会員制の娯楽事業を手掛けた経験がある。つまり、ニューリッチたちが何を好み、何を嫌うかを熟知している。

上海近辺で「農薬漬け」のイチゴが出回っている（しかもしばしば無農薬を詐称して）のは由々しき問題だ。だが、この会員制農園のように、無農薬ではあるが低品質・環境破壊的・高価格の作物（イチゴを含む）を使って、みせかけだけの安全・安心をニューリッチたちに振りまいているのはもっと深刻な問題ではないか。おそらくこの会員制農園に入会しているニューリッチたちは、食の安全・安心に対する意識の高さを自負しているだろう。だが、実のところは、彼らは、知らず知らずのうちに、むしろ食の安全や安心を汚しているのだ。

第二章で詳述するように、本当に腕のよい農業者は、低コストで環境融和的で安全でおいしい農産物を作ることができる。しかし、いまの上海では、農業の腕をみがこうという意欲が萎え、小手先の販売戦略に長けた者ばかりが跋扈する事態になりかねない。

さて、これは上海のことであって、日本とは無縁の話だろうか？

2　安くておいしい魚が買ってもらえない

前節で上海のニューリッチがわざわざ品質の悪い食材に高額を支払っているという事例をみた。その陰で、本当によい食材が市場から消えていくという事例をみた。実は、同じことが日本でも頻繁に起きていると私はみている。それを象徴している事例として、大阪の木津市場における魚介取引を以下に紹介する。

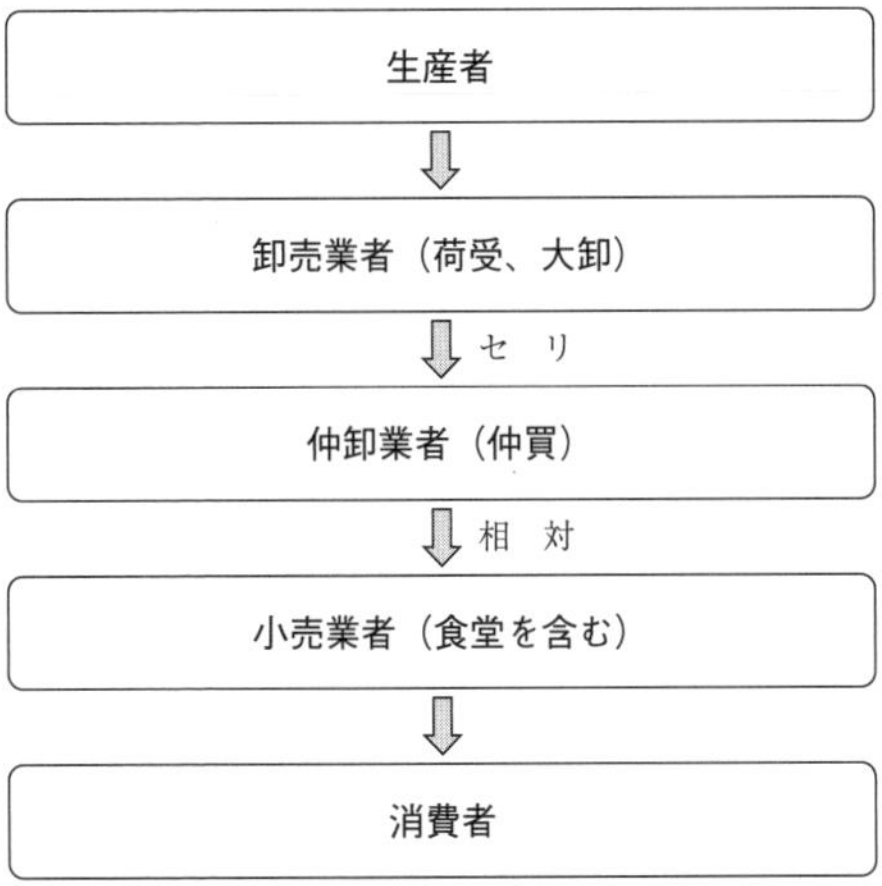

図1－1　市場流通の基本型

卸売市場の仕組み

木津市場について議論を進める前に、卸売市場の仕組みを簡単に説明しておく（魚介を前提に説明するが、青果物でも基本構造に変わりはない）。現在の卸売市場の原型をつくったのは一九二三年制定の中央卸売市場法だ（後述するように卸売市場には中央卸売市場と地方卸売市場の二種類がある）。当時、日本は重化学工業の勃興期で、農村から大量に流入した人口が都市部で旺盛な農産物への需要を呈するとともに、物流が発達し農産物流通網の規模も全国レベルへと拡大していく時期に相当する。食材は毎日の必需品であり、全国の津々浦々で多数の消費者が毎日のように購入する。また、生産者も全国に散らばる。いかにして公正で効率よく魚介や青果物を流通させるかは、日本の重化学工業化が軌道に乗るかを左右する重大問題だった。この中央卸売市場法は、日本政府による社会的インフラの構築であり、世界的にみても最先端の挑戦だった。

戦時中の統制経済では卸売市場も機能を停止したが、戦後に再開した。卸売市場の基本型は図1－1に示される。卸売市場に所属する業者には二種類ある。ひとつは荷受（大卸と呼ばれることもある）といって、産地（水揚げ地）からの魚をセリにかける業者だ（法律上の正式名称は卸売業者）。原則として自己勘定での魚介の売買はなく、セリの出来高に比例して手数料を受け取る。

荷受を通じて提示された魚介に対して、仲卸同士が価格を競り合い、最高額を提示した仲卸が購入者となる。仲卸は卸売市場内に店舗を構えていてセリで入手した商品を卸売市場内の仲卸の店舗に並べて、街の小売店（魚屋やスーパーを含む）や外食店（料亭やレストランを含む）が買いに来るのを待つ。原則として、仲卸が売る相手は小売店や外食店に限られていて、消費者に直接は売らない。

漁の状況はその日次第だから、無名の産地からでもよいものが届くこともあれば、ブランド化された魚（たとえば大分の佐賀関で水揚げされるサバは「関サバ」と呼ばれて、一尾ずつが番号をつけられて取引される）でも、品質がいまいちのこともある。そもそも、魚介の産地表示は水揚げ地がどこかで決まることが多く、同じ海域で獲れた同種の魚介でも、水揚げ地が異なると別物のように扱われる場合もあるなど、表示だけでは品質はわからない。

表示などの周辺情報に頼らず、自分の眼力で現物に向き合い、品質のよし悪しを判別する人やその機能を「目利き」という。仲卸の店舗でどれだけの値段にするかは仲卸の裁量であり、売れ残りのリスクを仲卸は負っている。目利きの腕に加えて、小売店や食堂がどういうものを欲しがっているかを熟知していることが仲卸には求められる。

個々の小売店や食堂がどの仲卸から買うかは自由だが、常連関係となってその仲卸に自身の好みを知ってもらうようになれば、円滑な仕入れがしやすくなるというメリットになる。

仲卸は単に小売店や食堂に魚介を売るだけではなく、どのように調理するのがよいのかなど、付随的な情報も提供する。それが店員や調理人を通じて、小売店や食堂を利用する消費者にも伝わることになる。言い方を変えると、魚介のことも顧客のことも熟知している仲卸は、流通において圧倒的な存在感を示すことができ、いわば「花形」だ。

ただし、そのように仲卸が活躍できたのは高度経済成長期までだ。いわゆる「産直」と呼ばれる市場外流通（卸売市場を通さない流通）が増えたのも一因だが、それ以上に、消費者の利便性志向が流通のあり方を根本的に変えたのだ。以下、木津市場の歴史を振り返りながら、仲卸の変容を描く。

大阪の食文化と木津市場

いまでこそ、東京の銀座や赤坂が最高峰の料亭・レストランが集うところのように取り上げられる。だが、上方という言葉が表すように、もともとは大阪や京都が日本の食文化の中心だった。なかでも大阪の難波は、比類ない料理を求めて食通が集まる場所として長く栄えてきた。

その難波に隣接して、魚介を扱う五六の仲卸が集う卸売市場がある。正式な名称は大阪木津地方卸売市場だが、一般には木津市場と略称される。卸売市場には取扱量も施設も大きくて農林水産大臣の認可が必要な中央卸売市場と、取扱量も施設も小ぶりで都道府県知事の認可が必要な地方卸売市場がある。近年、築地や豊洲といった東京にある魚介の市場の話題が多いが、いずれも公営の中央卸売市場だ。それに対し、木津市場は私営の地方卸売市場だ。

木津市場からわずか二キロという近在に大阪市中央卸売市場という巨大な公営の中央卸売市場がある。物量でも設備でも話にならないほどちっぽけな木津市場だが、高級魚介に強いのが木津市場の存在理由だ。高級魚介は高価なだけに、目利きの責任が重大だ。上方の高級料亭を目利きで支えるのだから、目利きの腕前という点では、木津市場は日本で最高レベルだ。

木津市場にはいかにも大阪らしい「けったい」な歴史がある。現在とほぼ同じ場所で約三〇〇年前に自然発生したのが木津市場の起源といわれる。いまは大阪湾の埋め立てが進んで面影がなくなってしまったが、もともとは木津川の河口付近に位置することから木津市場の名前がついた。一八一〇年に当時の大阪代官・篠山十兵衛景義の尽力により市として官許された。

明治維新以降も木津市場で活発に取引がおこなわれた。ところが一九二三年の中央卸売市場法施行に伴い、公設の中央卸売市場に集約せよという命令が政府から下された。木津市場を含む多くの私営市場が閉鎖に追いこまれた。しかし、「おかみ」（行政）の押しつけを嫌うという大阪の商売人根性が発揮され、木津市場はのらりくらりと命令に抵抗し、取引を続けた。ついに政府が根負けし、一九三一年に大阪中央市場配給所木津難波市場として木津市場の自主運営を認めるにいたった。

その後、太平洋戦争の戦禍で木津市場も焼け野原となった。しかし、終戦直後からまたしても自然発生的に取引がたくましく蘇った。一九五〇年には正式に卸売市場として認可された。

一九五〇年代から六〇年代にかけての高度経済成長期を通じて、木津市場はますます活気づいていった。大阪経済の躍進はめざましかった。日本のＧＤＰに占める大阪府の割合は一九五五年の七％から一九七〇年には一〇％へと急増した。国全体として一〇年弱で所得倍増という驚異的な速度の経済成長だが、それを最先頭でけん引したのが大阪だったのだ。この好景気にたきつけられて、木津市場が得意とする高級魚介の売れ行きも絶好調だった。この時期の木津市場の仲卸は販売姿勢も強気で、小口の取引は拒絶したし、魚をさばいて売るなどのサービスなぞ考える必要もなかった。

木津市場の反骨精神

高度経済成長は日本人の所得水準向上だけではなく、魚食の仕方を劇的に変えた。まず、家庭で魚をさばくなどの調理をしなくなった。かつては、家庭の主婦が魚屋に行って、店員と話しながら、何を買ってどういう調理をするかを決めていた。ところが、家庭で魚をさばくことがめっきり減り、フィレなどに加工済のものを買うだけになっていく。親子関係の変化により、子供のときに調理を親（ないしは身近な年輩者）から学ぶ機会が減り、調理の仕方自体が身についていない場合も少なくない。かつてのように家庭で調理しているときには、さばきたてのおいしい刺身が食べられるし、魚の頭や骨なども無駄なく使える。しかし、消費者の利便性志向という大波に、あえなく呑み込まれていった。

さらには、フィレ加工されたものすら買わなくなり、魚介はもっぱら外食か、総菜まで加工されたものを買ってくるかという行動パターンも増えてくる。そういう状況下では、素材の味はわかりにくくなるし、何よりも利便性が最優先となる。支払うお金にしても、素材への対価の部分よりも調理などのサービスへの対価の部分の方が大きくなる。

レストランや料亭にしても、仕入れの仕方が変わった。以前ならば、厨房の責任者が卸売市場にやってきて現物を確認して買っていたが、いまはもっぱら電話注文だ。それどころか、「三つ割りにして持ってきて欲しい」とか、「骨抜きも仲卸で済まして欲しい」とか、「幽庵も準備して持ってきて欲しい」という具合に、本来ならば厨房でするべき仕事まで押しつけられることもある。この背景には、日本人の勤労観の変化により、「下働き」をしながら料理の修業をするという習慣がなくなったという事情がある。

また、チェーン展開する大型スーパーや大型外食店の増加が、魚介の流通を劇変させる。これらは仕入れの量が格段に大きいことに加え、チラシの準備や調理担当の労働者（いわゆる「パートさん」が多い）のシフトを一カ月くらい前には決めておかなくてはならない。このため、当日になってからの変更の余地は少ない。事前に決めた量と種類の魚介を確保することが至上命題となる。その結果、卸売市場において、消費者になじみの魚介については価格変動が激しくなる（ただし、消費者が目にするスーパーの総菜の価格やレストラン・料亭のメニューの価格は、サービスの対価の部分が大きいため、卸売市場での激しい価格変動はかなりの程度が緩和される）。経済学的にいうと、供給ないし需要が弾力化するほど価格変動は小さくなり、供給ないし需要が硬直化するほど価格変動が激しくなる。魚介について、年々、流通・貯蔵技術が発達し、また養殖もの（天候にあまり影響されない）の比率が増えていることから供給は弾力性を増している。だが、需要が極端に硬直化し、供給の弾力化の効果を打ち消しているのだ。

他方、消費者になじみのない産地や魚種については、どんなにおいしくて割安でも買い手がつきにくくなる。「安くておいしい魚が買ってもらえない」という状況になり、目利きの出番がなくなる。要するに、消費者は魚介そのものの味や価格に対応して消費を決めているわけではなく、ブランドやムードなどといったイメージで魚介を消費するようになったのだ。

これに関連して、卸売市場では月末になると取引量が減るという傾向があらわれるようになった。すなわち、チェーン展開している大型外食店は月ごとにメニューを更新して消費者をあきさせないように工夫することが多い。その場合、来店客の注文に対して品切れでこたえられないのは避けたい。そこで、チェーン展開している外食店は月初めから多めに仕入れをして、月末には余り気味になるようにする。この結果、月末は仕入れが減るのだ。

このように、卸売市場に期待される機能が、目利きから利便性提供へと移りつつある。それは卸売市場にとっては、存在理由の危機でもある。もしも目利きが要らず単純に利便性重視ならば、水揚げ地で魚介の処理をすまして、そのまま小売店や外食店に直送する方が安上がりということになりかねない。卸売市場の目利きにとっては受難の時代ともいえる。

よし悪しは別として、目利きから利便性へという潮流は全国的なもので、木津市場も例外ではない。木津市場の仲卸たちも下処理を提供するなどのサービスをセットにして魚介を売るようになった。ただ、木津市場にとって幸いなことに、木津市場はもともとチェーン展開する大型スーパーや大型外食店への依存度が低い。そもそも、木津市場は設備も仲卸の数も隣接の大阪中央市場に比べて小さすぎて、取引量では勝負にならない。イメージではなく素材の力と調理の腕前で勝負したいという少数派ながらも堅気な店も大阪にはまだまだ根強く残っていて、彼らが木津市場の目利きを頼りにしている。魚介の質より利便性や量を優先する者はよそに行けばいい、自分たちは常連客との長い付き合いをベースに少量ながらたくましく生き残りたい、多難ながらそういう反骨的な雰囲気が木津市場の仲卸を支えている。

うどんの杵屋による救済

実は、木津市場の運営会社である大阪木津魚市場は、いったん経営破綻している。取引していた木津信用組合が一九九五年放漫経営で破綻し、その連鎖を受けた。その意味では木津市場に直接の瑕疵があったわけではない。とはいえ、木津市場がかつての勢いを失う中で、この経営破綻がさらに状況を暗くした。

大阪木津魚市場の経営破綻に対し、うどんチェーンの杵屋が救済の手をさしのべた。再建にための資金を提供し、大阪木津魚市場を二〇〇六年に杵屋の子会社とした。魚介がうどんに必要とされるわけではないので、不思議な動きのように映る。おそらく杵屋としては、会社の発祥の地である大阪の食文化を守りたいという動機があっての救済だったのだろう。杵屋の救済を受け、大阪木津魚市場の経営は危機を脱している。しかし、経営破綻の後遺症がぬぐえたわけではない。取引先としての信用を失ってしまい、いまだに漁業協同組合からの仕入れができない。

木津市場も決して手をこまねいているわけではない。消費者への直売イベントもするし、産地訪問のバスツアーも組んでいる。しかし、先行き不安はぬぐえず、大半の仲卸は後継者がいない。

3　若き仲卸の模索

木津市場の行く先のカギを握るのが、木津市場の最大の仲卸である縄芳だ。縄芳は、現在は二代目の引田晴康さん（七三歳）が社長だが、三代目の引田將猛さん（三三歳）が目下修業中だ。

木津市場に独特な商習慣

將猛さんは、もともとは家業を継ぐつもりはなかった。そもそも、親子の会話自体が少なかった。朝三時には仲卸の仕事が始まるため、父親は夜中に出勤していき、そのぶん午後は睡眠をとらなくてはならない。同居していても生活のリズムがあわない。しかも將猛さんは高校・大学とラグビーに熱を入れていたので、ますます父親との距離ができてしまった。あまり将来を真剣に考えないまま、たぶん普通に会社員をするぐらいのつもりでいた。ところが、大学卒業が間近になって、縄芳の歴史を知って、考えが変わった。縄芳の創業者は將猛さんの祖父で、和歌山の漁業者からの転身だ。縄芳には祖父や祖父の仲間たちの汗水が凝集していることを知り、將猛さんは自分の代で縄芳を途絶えさせるわけにはいかないと考えるようになった。

ただ、他業界も経験しておくべきと考え、大学を卒業してから二年間、ＩＴ関係の会社で働いた。

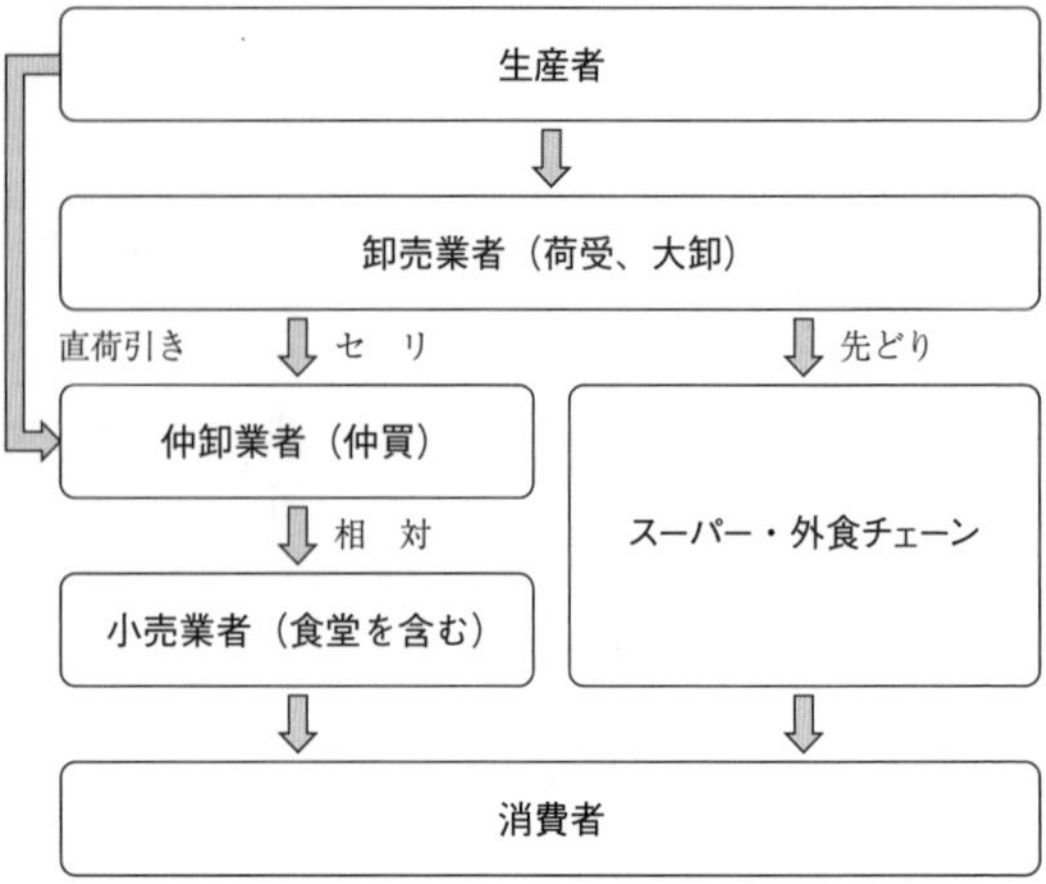

図１－２　市場流通の多様化

競争が厳しく、将猛さんの同期入社の仲間にも退社が目立つ中、将猛さんは、まずまずの成績をあげてきた。だが、ＩＴ業界に未練はない。三年間務めた後、魚介の世界へと向かうのだが、ここでも縄芳に入る前に「他流試合」をしておこうと、吉田水産という下関市の仲卸の会社で一カ月間、修業をした。吉田水産はフグ業界で有名な仲卸だ。高級魚介を扱う縄芳を継ぐにあたって、高級魚介の代表格のフグを知ることはきっと役に立つと将猛さんは考えたのだ。

かくして五年前から将猛さんは縄芳の一員となったのだが、木津市場のすべての仲卸から温かく迎え入れられた。木津市場の仲卸は、相互にコミュニケーションが深く、家族的な関係がある。木津市場で最大の取引量の縄芳に後継者が帰ってきたということを、すべての仲卸がわがことのように喜んだのだ。

ここで、木津市場に独特の商習慣について図１－２を使って説明しておこう。先に、図１－１を使った市場流通の基本形の説明で、仲卸はセリによって魚介を仕入れると説明した。ところが、木津市場の仲卸はこの基本形を離れて、水揚げ地からの直接の買いつけ（「直荷引き」と呼ばれる）が多い。直荷引きの割合は仲卸によって異なるが、縄芳の場合は仕入れの八割程度だ（つまりセリによる調達は二割程度）。おそらく木津市場全体としてもその程度ではないかと思われる。木津市場の仲卸は、基本的な仕入れは直荷引きで確保し、セリは無理のない範囲で追加的な仕入れに使うという感覚だ。このため、木津市場ではセリは総じて安値になりがちという。水揚げ地をがっかりさせないためにも、なるべく直荷引きにするように木津市場の仲卸はこころがけている。

仲卸はそれぞれに常連客を持っていて、どういう注文が来そうかを予測して仕入れをするのだが、手持ちにないものに予想外の注文が来ることはありうる。その際、「困ったときはお互い様」で、とくに値段をふっかけることもなく仲卸同士で融通しあう。こういう取引はほかの卸売市場でもあるにはあるが、決して活発にはおこなわれない。先述のように家族的な雰囲気が木津市場の仲卸間にあるからこそ、仲卸間の融通がスムーズなのだ。木津市場は高級魚介に強みを持っているが、高級魚介は品質の評価（料理人の好みも含めて）が難しいだけに、ふだんから魚介を並べながら仲卸間で顔を合わせて情報交換することが重要なのだ。換言すると、通常のセリに依存している場合や、卸売市場の規模が大きくて仲卸間のコミュニケーションが浅い場合は、こういう需給調整は難しい。つまり、セリへの依存度が低くても、木津市場に仲卸が集うことに価値があるのだ。

機動的な小口配達に賭ける

先に説明したように、魚介の品質が軽視され、仲卸の目利きの機会が減っていく傾向があるが、細々とながらも、品質重視で木津市場の仲卸の目利きに頼っている堅気な小売店や食堂が大阪には残っている。彼らの数は減るかもしれないが、決してなくならないだろうし、大阪の食文化のためにもなくしてしまってはいけない。彼らとともに生きていくべきだというのが將猛さんの考えだ。木津市場には跡取りのいない仲卸の会社が目につくが、縄芳をはじめ、残っていく仲卸の会社でしっかりと人材を確保して（たとえば、跡継ぎのいない仲卸の会社に所属する人材を跡継ぎのいる仲卸の会社に移籍させるなど）、堅気な小売店・食堂の期待にこたえたいと將猛さんは考えている。

近年、魚介について、ブランド化やインバウンド需要が今後の切り札であるかのように論じられがちなことに対しても將猛さんは懐疑的だ。先述のように同じ海域で釣れた魚でも水揚げ地によってブランドが変わるという非合理もあるし、時期によって意外なところからよい魚が入ることもある。仲卸の仕事に誇りがあればこそ、目利きを大切にしたい。

実は、ＣＯＶＩＤ－19の流行の直前まで、外国人客をターゲットにした観光スポットへと木津市場を一新しようかという案が検討されていた。木津市場は鉄道でも高速道路でも関西空港へのアクセスがよい。外国人観光客の間で人気の高い難波からは徒歩圏内だ。木津市場に隣接した地区では大手リゾート会社による観光開発計画も進行中で、それに相乗りすることも考えられる。こういう「地の利」を活かすためには、観光スポット化は名案のように響く。だが、それは、將猛さんが思い描くのとは真逆で、堅気な小売店・食堂に見切りをつけることを意味する。

ＣＯＶＩＤ－19禍の中、縄芳をはじめ、木津市場の仲卸も激痛の中で商売を続けている。二〇二〇年四月の緊急事態宣言発令の直後は取引量が二〇％まで低下した。しかし、將猛さんは、ＣＯＶＩＤ－19禍は、長期的には木津市場をよい方向にもっていくのではないかという。ＣＯＶＩＤ－19禍は外国人客をあてにしてはいけないことをまざまざとみせつけ、観光スポット化の構想を一気にしぼめたからだ。

目下、縄芳は、配達業務の強化に力を入れている。ここ一五年で人員が一・五倍になったが、これもほとんどが配達要員の増強だ。高級レストランを中心に、毎日、二〇〇軒ぐらいの顧客を廻る。機動的な小口配達が、縄芳の生き残り策というのが將猛さんの見立てだ。

4　南風泊《はえどまり》市場と大田市場

木津市場の引田將猛さんに対して私が取材を重ねているうちに、將猛さんが修業をした下関の吉田水産というフグを主として扱う仲卸の会社に関心がわいた。二〇一九年の秋に山口県に出向く用事があったので、將猛さんを通じて吉田水産に見学を申し込んだところ、快諾してくださった。下関には、フグだけのための卸売市場として、南風泊《はえどまり》市場があり、そこでのセリと、吉田水産の工場内での「みがき」と呼ばれる解体作業などをみせていただけることになった。

フグの袋競り

私が滞在していたホテルに午前三時に吉田水産の社員に来てもらい、まずは南風泊市場の午前三時半からのセリを見学した。袋競りといって、セリ人は肘から手のひらまでをすっぽりと黒色の袋で包む。フグが数匹まとめられてプラスチックケースに入れられ、市場の一面に並べられている。そのケースを順番に「いいかいいか」と掛け声を出しながら、セリ人が歩いて廻る。

各ケースでセリ人が立ち止まり、すぐさま仲卸がかわりばんこで袋の中に手を入れて、指の符丁で買値を伝える。セリ人は最も高い値段をつけた仲卸を買い手として指名する。通常のセリだと、周囲の参加者にも落札価格がわかる。しかし、袋競りの場合は、落札者以外にはわからない（事後にも公表しない）。落札価格を非公開にしたい事情が仲卸にあるのだが、それについては後述する。

なお、最高値を提示した仲卸が複数いる（すなわち彼らの間では同じ買値を提示している）場合、セリ人は当該の業者を呼んでその場でじゃんけんをさせて誰が買い手になるかを決めさせる。先に落札者以外には落札価格がわからないと書いたが、厳密にいうと、じゃんけんで負けた側は落札者ではないが落札価格を知っていることになる。厳密に落札者以外に落札額がわからないようにしようとすれば、じゃんけんではなく当該者だけで再度の袋競りをすればよいのだが、それでは時間がかかる。セリに時間がかかりすぎるとフグの鮮度が落ちかねない。じゃんけんによる決着は、それを避けるための工夫と思われる。

この袋競りのやり方を経済学でセリの理論を研究している人に話すと、驚嘆される。落札者以外には価格がわからないタイプのセリはたくさんあって、研究も進んでいる。ところが袋競りの場合、じゃんけんになると、じゃんけんに負けた側は落札者でないのに価格を知っていることになる。もちろんじゃんけんに必ずなるわけではないが、じゃんけんになるのも珍しいことではない。こういう市場を理論的にどのように理解・評価するべきかはかなり難しいらしい。

フグの加工

理論的な話はこれ以上立ち入らないで、フグ取引の現実をもう少し深掘りしよう。フグが通常の魚介と異なるのは、免許を持った調理師によって危険部位（毒を持っている可能性の高い部位）が除去されなければならないことだ。小売店や食堂に免許を持った調理人がいるならば、仲卸はフグをそのまま売ることもできるが、そうでなければ仲卸が免許を持つフグ職人を雇って危険部位を除去したうえで販売することになる。

危険部位の除去に加えて、フィレの状態まで仕上げることを「みがき」という。袋競りのあと、吉田水産の事務室に隣接する作業所で、このみがきをみせてもらった。いけすからフグを一匹ずつ職人がとりだしては、真っ先にフグの口をちょん切る。フグは生命力が強く攻撃的な性格のため、瀕死の状態でも強靱な口で調理人の手をかみ切ろうとするからだ。死に向かって全身がびくつくフグを要領よくおさえつけながら可食部のみに処理されていく様子は芸術的だ。

みがきだけで販売することもあるが、さらに処理を加えたうえで販売することが多い。それは薄造りのような精緻な処理の場合もあれば、なべ用の切り身など比較的簡単な処理の場合もある。比較的熟練を要しない作業には、吉田水産は外国人留学生のアルバイト労働も利用している（危険部位が除去された後の処理にはとくに免許はいらない）。市内の日本語学校に通う留学生だ。留学生ビザの場合、一週間に二八時間まではアルバイト労働が認められている。登校前の吉田水産でのアルバイト、日本語学校での勉強、帰宅後の自習、と、勤勉に彼らは暮らしている。

牛豚鶏でもそうだが、肉の味の半分が「殺してバラす」過程の手際できまる（最近の食肉ブランド化では畜産農家がもっぱら注目を集めがちだが、と畜などの食肉処理の重要性が見落とされてはならない)。フグの生体がよいだけではなく、吉田水産での処理がよくなければならない。フグの処理は機械化になじみにくく、労働者(職人も含む)をどうやって確保するかも吉田水産の重要な仕事だ。

フグ漁の豊凶、買い手の求める処理のレベルがさまざまなので、吉田水産がフグを売るにあたっては、個別にきびしい価格交渉となる。吉田水産のパンフレットをみると、商品のラインアップは写真入りで詳細に描かれているが価格は記されていない。定額ではなく相対での話し合いで価格が決まるからだ。価格交渉を有利にするために、吉田水産としては仕入れ値をふせておきたい(おなじことはほかの仲卸でもあてはまる)。かくして袋競りという独特のセリが生まれたものと思われる(同額入札でじゃんけんになった場合でも、部外者がじゃんけんに負けた相手を特定して価格を聞き出すのは難しい)。

ただし、下関のフグの仲卸の間でも、セリよりも直荷引きが増えているし、天然フグの漁獲高の減少もあって養殖フグが増えている。

養殖フグには安定供給という利点がある。また、養殖技術の向上で養殖フグの品質が改善している。それでも、フグの仲卸の間からは、本当においしいフグとはどういうものなのかがわかってもらいにくくなったというぼやきが聞かれる。

吉田水産は吉田福太郎さん(四一歳)が三代目の社長についている。名前からわかるように、生まれたときから家業の後継者としての期待を集めていたし、本人も子供のころからその自覚が強かった。多くの従業員をしっかりと束ね、ひっきりなしにかかってくる電話に対応しては部下に指示を出していく。頼もしい社長だ。

吉田さんは、自社の経営はもちろんだが、水産資源の保護にも大きな関心をよせている。彼が懸念するのが魚の洋上投棄だ。ここまで繰り返し論じたように、いまの消費者は魚を家庭で調理しないし、利便性、ブランド、ムードが重視される。そうなると、あまり知名度のない魚は、どんなにおいしいものでも市場で買い手がつかない可能性がある。つまり、水揚げ後の費用が賄いきれない危険性があるとして、知名度のない魚は洋上で投棄されてしまうのだ。日本沿岸の水産資源が減少して危機的状態にある一方で、このような資源の浪費がおこなわれていることは、まさに憂うべきだ。

私の郷里の島根県でも、「ブランド化のせいで水産資源がますます痛む」という沿岸漁業者の嘆きを聞く。典型的なのがノドグロで、私が子供の頃からなじみのある魚だ。これがブランド化されて高値で売れるようになった結果、乱獲が進み、獲れる個体が小型化するなど、水産資源の破壊が続いている。マスコミや「識者」は、水産資源保護のような面倒くさい話題はさけて、当面の話題作りに興じる傾向がある。彼らはノドグロをブランド化の成功事例として褒めそやす一方で水産資源管理については話題にしたがらない。

第五章で詳述するが、本来、日本は沿岸漁業の宝庫だった。これは地球上で類をみない好条件に恵まれたからであって、神様から日本が賜った宝物だ。そのありがたみを忘れて、安易に水産資源を破壊するのは「罰あたり」だ。本来ならばマスコミや「識者」はそれに歯どめをかけるべきなのに現実には彼らはその真逆で水産資源破壊に加担している。ノドグロはブランド化の失敗例として後代への戒めとしなければならない。

なお、島根県の魚介については、二〇一五年にノドグロの売りこみでも熱心な浜田市で水産業者が産地偽装事件をおこしている。私が観察するところでは、偽装表示を生んだ構造的問題には、事件後も業界としても行政としてもメスが入っていないように映り、残念に思う。

偽装表示を引き起こすのは生産者ないし流通業者であって、消費者に直接の責任があるわけではない。しかし、そもそも、個々の魚介のよし悪しよりもブランドなどのイメージに消費者が左右されてしまうからこそ、偽装表示をしようとする動機が強まるという側面もある。もしかすると、消費者はブランドが表記された魚を食べることが目的化していて（つまり味などの品質には注意が向かっていなくて）、表示が偽りだとしても気にしていないのかもしれない。そういう節操がないブランド信仰が続くのであれば、偽装表示は絶えそうにない。

東京大田市場の変貌

ここまで、大阪木津市場であれ、南風泊市場であれ、家庭が調理をしなくなり、魚介のよし悪しよりイメージや利便性が重視されるようになったことをみてきた。同じことは青果物でも起きている。日本で最大の青果物の卸売市場である東京の大田市場をみてみよう。

卸売市場を介さない市場外流通（いわゆる産直）が増え、そのぶん卸売市場の地位が低下していくのが全国的な傾向だ。そういう中、大田市場の売上高はここ一五年、微増傾向を維持している。この理由は、従来、大田市場以外の卸売市場を利用していた業者が、より確実に取引ができるところを求めて取扱量が大きい大田市場に集まる傾向があるからだ。

これは、コンビニやネットに押されて「衰退産業」といわれる百貨店業界に似ている。売り上げの先細りを見込んで、不採算店舗を閉鎖してそのぶん残された拠点店舗を拡充するという動きが百貨店業界にあるが、それにも似た動きだ。

だが、その大田市場でも、消費者の調理離れ（換言すれば利便性志向）は着実にあらわれている。まず、大田市場の駐車場がガラガラになった。開業した一九八九年当時は、まだ都内にもパパママストア的な小売店（八百屋を含む）がたくさんあって、彼らが買いつけに大田市場に集まるのにそなえて広大な駐車用スペースが必要だった。ところが、いまやパパママストア的な小売店はめったにみかけなくなった。大田市場に仕入れに来るのは、もっぱらチェーン展開の外食店やスーパーとなっている。彼らは搭載効率のよい大型トラックで乗りつけるので、従前ほど駐車スペースが必要でない。

ちなみに、チェーン展開しているスーパーや外食店は、彼ら自身が仲卸の資格を持っている場合が多い。そして、セリが始まる前に自分たちが欲しい量を先に持っていく「先どり」と言われるやり方が普及している。チェーン展開している各店舗に青果物を配送するためには時間が多大にかかるので、セリが開くまで待っておれないのだ。先どりの青果物が発送された後に先どりされなかった分を対象にセリが開くが、そこでついた価格を参考に、先どりされた青果物の価格が後からきまるという仕組みだ。

古参の仲卸も図１－１の基本形から外れつつある。すなわち、荷受を通さず、産地からの直接仕入れに力を入れる傾向がある。かくして、現下の卸売市場は図１－２のような状況にある。卸売市場内でもセリの重要度が低下しているのだ。それでも卸売市場が使われ続けるのは、大量の青果物の持ち込みに対応できるだけの設備があり、仕入れに便利だからだ。

大田市場は余剰になった駐車場を転用して二つの設備を建設している。ロジスティックセンターとプロセスセンターだ。前者は青果物の一時保管をする場所だ。後者は、青果物を小分けにして、そのままスーパーの店頭や外食店の厨房に持ち込めるようにする場所だ。いずれも、従来はスーパーや外食店のバックヤードでおこなわれていたが、スーパーや外食店が立地するのは人口稠密地帯だから地価が高い。少しでもバックヤードが節約できれば助かる。このように大田市場でさえ、目利きの重要性は大幅に低下し、消費者の利便性志向に即応すべく変容しているのだ。

また、私が大田市場でみかけるプロセスセンターの求人募集のポスターには、簡単な漢字にもひらがなのルビがふられている。おそらく日本語が不自由だが日本での在留資格がある人たちが働いているものと思われる。

目利きに代えて法務エキスパート

目利きの技はいわば職人芸で、先輩の指導を受けながら、長年の実践経験で培われる。しかし、上述のように目利きの出番がなくなれば、そういう人材養成ができなくなる。この類の職人芸はいったん消失すると再現不可能な場合が多い。本来、目利きは、食材を有効活用し、食生活を改善するために不可欠な人材のはずだ。もしもいまの世代で目利きの技が途絶えるならば、われわれは将来世代への罪作りということになる。

皮肉なことだが、目利きの地位低下とは対照的に、卸売市場で重要度が急速に増している新たなタイプの人材がある。すなわち、法務エキスパートだ。食品表示規則の強化など、流通業者の法的責任が大きくなる傾向にあり、それへの対処だ。実際、東京青果（大田市場の荷受会社）では法学部出身者を採用し始めた。これも、目利きといった「青果物自体のよし悪し」よりも、成分やトレーサビリティー（流通経路）の表示といった「売り方のよし悪し」（法律との兼ね合いも含めて）の方が重視されるようになっていくことを反映しているともいえる。

5　新しいタイプの小規模農家

養鶏を見学に行くとき、鶏舎に入らなくても近づくだけで鶏が健康的に飼育されているかはだいたいわかる。遠目で鶏舎をながめるだけで、清潔度、通風、採光など、鶏への配慮具合に察しがつく。また、人間が近づくと鶏が騒ぐようでは、鶏がストレスの多い環境にあることを示しているというのが私の経験則だ。

この経験則を愉快なまでに覆したのが、大阪府茨木市見山地区の横峯哲也さん（三八歳）、亜由美さん（四一歳）夫妻の養鶏だ。日本の採卵養鶏の多数は、鶏たちはケージと呼ばれる身動きができないほど狭い鳥小屋に押し込まれ、輸入トウモロコシを主体とする餌を食べて一生をすごす。これに対し、横峯さん夫妻は鶏を鶏舎内で自由に運動させる「平飼い」という方式をとっている。

横峯さん夫妻の鶏舎を私が最初に訪ねたのは二〇一八年の秋だ。私が鶏舎に近づくと鶏が大きな声で騒ぎ立てる。「よほどストレスがあるのかな」といぶかしがりながら鶏舎に入ると、鶏たちから驚きの「大歓迎」を受ける。初対面の私をまったく怖がらない。次々と私をめがけて駆け寄ってきて、中には私の肩にとびのる鶏もいる。後で分かったのだが、横峯さん夫妻があまりにもおいしい餌を鶏に与えるので、「人間が来ることは、おいしい餌にありつける機会だ」という意識が鶏たちに植えこまれているのだ。

見山地区の魅力

横峯哲也さんは、もともとは某農業団体で、耕作放棄地の有効活用などの事業に取り組んできた。そのときから、見山地区はきれいな水が豊富にとれて土壌も肥沃で農業の適地として気に留めていた。二〇一一年にその団体を辞し、二〇一三年から見山地区で採卵養鶏と自家消費用の野菜栽培を始めた。ボリスブラウンという品種を中心に五種類の鶏を約三五〇羽飼っている。数万羽を企業的に飼育するのが今日の採卵養鶏の主流だが、横峯さんのそれは異常なまでに小規模だ。後述するように横峯さんは食味のよさから高値で鶏卵を販売し、独特な原料調達で飼料代を節約しているので、自立した経営ができている。一〇〇羽につき四羽ないし五羽をオスにしている（農林水産省は何をもって有精卵とみなすかの基準を示していないが、一般にこの程度の割合でオスを入れていれば有精卵と表記する業者は少なくない。しかし、横峯さんは表示よりも卵の味で勝負できるという自信があるのであえて有精卵とは表示しない）。だいたい六歳程度まで飼育し、廃鶏は食肉工場に出荷することもあれば自分でさばいて食べることもある。

横峯さんはそもそもは放牧養豚をしたかったのだが、日本では放牧養豚は特異で、新参者の横峯さんがかりに放牧養豚を始めれば周辺住民から警戒されるかもしれない。そう考えていわば次善の選択として平飼いの採卵養鶏を始めた。茨木市というと住宅開発が進んだ地というイメージがあるが、見山地区はそれとは異なる。京都府との県境に近い山間の地（横峯さんの鶏舎で標高約四〇〇メートル）、広葉樹林が広がる。日本の山間地の多くが、約六〇年前の日本政府による針葉樹（おもに杉）の植林奨励に応じたのに対し、見山地区では杉の植林は限定的だった。この理由は、当時、見山地区では寒天の生産が盛んだったからだ。当時の寒天の製法は、原料であるテングサをいったん煮てから凍結させるというやり方で、見山地区のように冬が極端に低温になる場所に向いていたのだ。テングサを煮込むためには燃材が大量に必要とされるが、針葉樹は建材向きで燃材には適さない。なお、いまは寒天は工場で薬品を使って作るので見山地区からは消えている。

理由はどうであれ、約六〇年前の植林ブームのときに大勢にあらがって見山地区で無理な植林をしなかったのは幸いだった。杉を植林すると、その後にこまめに間伐などの管理をしないと生態系が壊れて鹿、猪、キツネなどの野生動物の餌に不足するようになる。近年、餌を求めて田畑や住宅地に野生動物が出没して深刻な被害が出ているという事例が全国でみられるのも、杉の植林のあと管理を怠っているからだ。見山地区は広葉樹林が残ったおかげでそういう獣害が少ない。野生のキツネに鶏が襲われるということも見山地区ではおきていない。また、広葉樹林は保水力が高かったり腐葉土が形成されやすかったりと、周辺でエコな農業をしたい人には好適だ。横峯さん自身も主に自家消費用に野菜も作るし、エコな野菜作りで生計をなしている若い農業者の仲間が見山地区にいて、横峯さんと励ましあっている（ちなみに、その中のひとつの農家は、三島ウドと呼ばれる伝統的なウド栽培の技術を継承し、高級料亭・レストランに出荷している）。

養鶏の王道

横峯さんが採卵養鶏をするにあたって注目したのが、「地の利」だ。見山地区は山間だが、京阪神の大都市に近い。これを活用してユニークな餌の調達方法と卵の販売方法を見出したのだ。

まず餌についてだが、大都市近郊とあってさまざまな商工業者がいて、そこから出てくる「産業廃棄物」が餌に変わるのだ。ビール工場からの麦の搾りかす、輸入エビを加工する際に出てくる殻（しかも、全国的にも珍しく薬品処理に頼らないエビ輸入をしている業者を横峯さんはみつけている）、竹炭工房から出てくる炭くず、レストランの残飯の魚の頭、植物油の搾りかす、などなどだ。これらは廃棄しようとすると運賃や無害化のための費用負担を強いられる。ところが、これらはすべて鶏の好物だ。横峯さんはそれらをほぼ無料で引き取って若干の調整（ぬか漬けにして長持ちさせたりもする）をしたうえで鶏に給餌する。平飼いなので、どの鶏がどういう餌を食べるかもまったく自由放任だ。そもそも、どういう餌がどれくらい調達できるかも日によってまちまちだ。餌によって卵の味も色も変わるので、どんな卵になるかはわからない。平飼いで自由にさせているので産卵数も鶏の体調（気分？）次第で、猛烈に産んだり、あまり産まなかったりする。しかし、健康的に育っているのでまちがいなくおいしい卵だ。

皮肉なことに、どんなにおいしくても、チェーン展開するスーパーや外食店は横峯さんの卵を敬遠する。彼らは品質や数量が安定しないことを嫌うからだ。だが、逆に、横峯さんの卵を大歓迎し、横峯さんの卵でなければ卵はあきらめてよそからは仕入れないという買い手もいる。有閑層を顧客とするオーナーレストランがその典型だ。そういうレストランのシェフにとっては、その日によってメニユーや味付けを変えることで常連客を飽きさせないし、また調理の腕前を披露することができる。そのほか、横峯さんの売り先はスィートショップや高級農産物専門店などだ。横峯さんは餌を集めるのも卵の出荷も自分自身で行く。その先々で、新たな餌の供給源や買い手をみつけたりする。さらには餌の供給元が卵の販売を請けおうこともある。たとえば、横峯さんが餌のおからを仕入れている豆腐屋は、「自分の店のおからを食べた鶏が産んだ卵です」という具合に横峯さんの卵をお客さんに売り込んでくれて、相乗効果となっている。

通常、平飼いの鶏というと、野性味たっぷりというイメージがある。それに対し、私は横峯さんの鶏を「お公家さんのような鶏」と表現している。贅沢な餌をもらってのんびりと暮らしているからだ。横峯さんは鶏舎の扉を開けっぱなしで作業することが多い。鶏はときどき外に出るのだが、すぐに鶏舎に戻ってくる。それだけ鶏舎の居心地がよいのだ。横峯さんの養鶏は一目では奇抜に映るが、鶏が主人公という基本に忠実という意味で、王道ともいえる。

それと同時に、横峯さんの養鶏をみていると、都市生活者の歪みも感じる。横峯さん以外は竹炭のくずとか魚の頭とかエビの殻の引き取り先がないというのは残念だ。私は子供のころ（一九六〇年代の島根県松江市）、火ごたつ・七輪・五右衛門風呂を使っていたし、魚も丸ごと買ってきて、頭も骨も内臓も徹底的に使っていた。そういう生活をしている人が大阪府下にたくさんいれば、横峯さんが養鶏の餌にしているものがいろいろなところから欲しがられて、横峯さんまで回らなかっただろう（少なくとも無料で好きなだけ横峯さんがもらえるということはなかっただろう）。横峯さん以外にも養鶏はあるが、彼らはチェーン展開のスーパーなどに売るので、餌の品質管理のために規格化された購入飼料に頼る。

つまり、都市住民が利便性重視の生活にどっぷりつかっているおかげで横峯さんは餌を無料で集められるのだ。

通常、養鶏は糞の処理に困る。鶏は大便と小便の排泄口が同じなため糞が水っぽくて悪臭を放ちがちで、たい肥化にも手間がかかるからだ。しかし、鶏糞はリンを含むため、健康的に育った鶏の糞を使って、上手に発酵させれば、牛糞たい肥や豚糞たい肥を凌駕する鶏糞たい肥となる。横峯さんの場合がまさにそうで、良質の鶏糞たい肥（無臭！）を作り仲間に分けたり、自家消費用の野菜の畑で使ったりしている。

横峯さんは鶏が何を好み、何を嫌っているのかを巧みに察知する。横峯さんは子供のころ、離島の自然豊かな環境で野外の遊びをたくさんしており、それが動植物とのコミュニケーションや創意工夫の原動力になっているのだろう。それに加えて横峯さんは勉強熱心だし前職の農業経験も活きている。ちなみに、横峯さんは都市住民の日曜百姓や企業の農業研修のインストラクターも務めている。横峯さんはおおらかで明るい性格だが、なかなかの知性派だ。

丹波篠山の吉良農園

横峯さんと同じように、オーナーレストランに向けて有機栽培の野菜を生産・出荷している農家が丹波篠山市にある。吉良正博さん（六七歳）と息子の吉良佳晃さん（三六歳）が営む吉良農園だ。ここの特徴は、レストランでプレートに盛るだけの状態までに徹底して調整した状態で出荷していることだ。学校給食のお盆を少し大きくした程度の浅くて片手で持てるようなプラスチック容器に、きれいに洗浄して形を整えて盛る。作業所には、お得意さんの名札がずらりと並んでいて、プラスチック容器ごとに名札を挟み込んで出荷する。

吉良さん親子が栽培する野菜の種類にも特徴がある。一般になじみのある野菜もあるにはある。しかし、もっぱら目をひくのは半ば自生の野草に近いものだ。もともと作物の起源は野生植物だし、いわゆる雑草の中にも食べられるものが多くある。戦後、食生活の洋風化や農薬散布の影響で野草や野草に近いものを食べる習慣がなくなっただけだ。そういう変わった野草の中には、ユニークな色合いや味がして、盛り合わせやトッピングに使うのにおもしろいものがある。

ただし、注意しなければならないのは、野草だからといって、何もしないで生えてきてくれるものではないことだ。あぜ道をこまめに草刈りするなど、農地を大切にする営みをコツコツと続けている中で、多様な動植物が育つ生態系が維持され、その中で、人間に有用な野草も生えるのだ。

吉良農園はどのシェフがどういう料理を作るかを理解しようと努めている。先述のように、いまのレストランは下働きの労働者がいない。だから、「あとはプレートに盛るだけ」の吉良農園の野菜はありがたい。そういうこまかい気くばりが吉良農園の活路だ。

もともと吉良正博さんは丹波篠山市の農家に生まれ育ったが、当初はあまり農業に関心がなかった。神戸に出て、法律関係の事務所に勤めていた。しかし、阪神大震災が吉良正博さんの人生観を一変させた。吉良正博さんは故郷に戻って有機栽培の専業農家になると決心した。最初は、作物の栽培でも販売でも手探りで、貯金を喰いつぶす状態が続いた。紆余曲折の末、いまの営農スタイルにたどり着いたが、まだまだ試行錯誤の途上にある。

二〇一四年に長男の佳晃さんが学業（工学）を終えて就農し、二〇二〇年に農園の代表を正博さんから引き継いだ。佳晃さんは、自営農業のみならず、地域をあげての自然環境保全やそれを通じた人材育成にも意欲的で、その一環として社団法人ＡＺＥを二〇二一年に立ち上げている。佳晃さんは陸上競技（三段跳び）で心身を鍛え、学業でも優秀な成績を修めてきた。地域のリーダーとして楽しみな人材だ。

6　無農薬栽培の裏側

「このハンドクリームの原料は無農薬農法の畑で作られています」。北海道の農業視察に向かう飛行機の中で、搭乗員さんが誇らしげに機内販売の商品を掲げ、販促の声をあげた。それを聞いて、私は「あれっ」と思った。機内誌で当該商品の説明を読むと、確かにそう書いてある。しかし、一般に農作物について無農薬という表現はしないようにと農林水産省が指導している。それには違反していないのだろうか？

そもそも、何をもって農薬とみなすかは難しい。例えば、木酢（炭焼きの副産物）のように、一般には農薬の範疇に入っているが、江戸時代から虫除けのために使われていて、安全性にあまり問題がないものもある。農薬取締法では、農作物等の病害虫を防除するための「天敵」も農薬（「生物農薬」と呼ばれる）とみなされているが、これを使うことで農作物の安全性が侵害されるとは考え難い。

また、以前、危険な農薬を使っていた場合、しばらく農薬をまかなかったとしても、有毒な成分が農地に滞留している可能性がある。空気や水を介して近隣から農薬が入ってくることを遮断できているかを証明する方法もはっきりしない。かくして農林水産省は無農薬という表現をしないようにと指示している。

余計なこととは思いつつも、飛行機を降りる際に、その搭乗員さんに、私の懸念を伝えた。彼女は驚いて、もっと話を聞かせて欲しいという。空港バスの発車時間を気にしつつも、私は名刺を渡して、手短に説明を追加した。

その後、その航空会社の客室部の責任者からＥメールが届いた。メーカーに確認したところ、ハンドクリームは化粧品等にあたり、農林水産省ではなく厚生労働省の管轄となり、薬事法上、無農薬の表記に関する制限はないとの回答を得たこと、それをふまえて、無農薬の紹介を続けるとのことだった。

搭乗員さんの態度もＥメールの文面も、誠実さが表れているし、航空会社の対応として何ら不満はない。もちろん、規制の対象外だから問題なしという考え方には同意しにくいが。

ただ、このケースはまだ良心的な部類だ。有害性が懸念される強い除草剤を散布して荒れ地を畑地化して、その後は農薬をまいていないという理屈で無農薬栽培を標榜するなど、悪質なケースもある。

そもそも、そこまでして無農薬を謳いたがるのはなぜなのだろうか。もちろん、安易な農薬への依存は避けるほうがよい。だが、農薬を使わないのであれば、それに見合う防除などをおこなわなくては害虫の巣窟になる。そうなれば、生産物の質が悪化し、食べ物として健康に資さない。周辺の農地にも害虫を伝播させ、近隣の農業者が農薬散布を増やさざるをえなくなり、かえって環境破壊をもたらしかねない。

消費者は「無農薬は絶対的な善」という思い込みから脱却しなければならない。農産物自体のよし悪しや栽培方法のよし悪しを具体的に判定しなければならない。

7　有機農業の行き先

市場経済が発達した今日、必要なものは何でもお金で買える。ロビンソン・クルーソーのような自給自足的な生活は、不便で効率が悪い。どんどんお金を儲けて、消費を増やせばいい。それが社会全体のGDPの成長にもつながる。

そういう資本主義的な発想に対して、何でもお金に頼っていてよいのかという疑問は当然に浮かぶ。とくに食べ物については、他人任せにせず、自分自身で、エコで安全でおいしいものを作りたいという意見はしばしば耳にする。だが、いざ、そういう自給自足的な生活をしようとすれば、容易ではない。自分でいろいろなものを作る能力がなければならない。また、農薬や化学肥料に頼らないエコな農業をしようとすれば、有機肥料の悪臭や雑草の繁茂で周囲に迷惑をかけ、集落から排斥されることもある。これらの困難を克服できなければ、結局のところ、資本主義の潮流に大多数は呑み込まれることになる。

和歌山県色川地区の耕人舎

市場経済の潮流に逆らう人たちが、延々と四〇年近く暮らし続けているところがある。和歌山県の山中にある色川地区だ。自給自足志向のたくましい人たちが居つき、色川の農業では農薬や化学肥料を使わないのがむしろ普通になっている。この稀有な事例を以下に紹介しよう。

色川はいまでこそ三〇〇人台の人口しかいないが、かつては林業と鉱業（銅）がさかんで、一九五〇年代には約三〇〇〇人が暮らしていた。高度経済成長期にこの二つの基幹産業が衰退し、急激な過疎化に見舞われた。そんな一九七〇年代に、村山彰男さん（二〇〇四年にご逝去）が率いる耕人舎というグループが農業をしたいとやってきた。当時は、環境問題を扱った有吉佐和子の長編小説『複合汚染』がセンセーションを起こし、石油危機が化石燃料依存の現代社会に警鐘を鳴らしていた。都市住民の中から自然回帰を礼賛するグループが次々と生まれ、耕人舎もそのひとつだった。色川は「陸の孤島」といわれるほど山深いところで、都市の騒がしさから隔離され、いまだにコンビニが一軒もない。多雨で水源地に近く、きれいな水がふんだんにあって、エコな農業をするのに魅力的だ。

耕人舎の初期のメンバーは農業の経験が不足していたが、食べ物の自給を高らかに目標として掲げた。耕人舎に賛同する若者も全国から色川にやってきた。かくいう私も、大学の夏休みを使って、一カ月間、耕人舎で研修生をした。農薬や化学肥料を使わないのはもちろん、農業機械も極力使わない。鯨油でウンカ退治をし、玄米を食べ、肥え汲みをし、蚋《ぶよ》で顔を腫らしながら汗だくの日々だった。

耕人舎の理想は高いのだが、現実は厳しい。体力も消耗するし、農業の経験不足で作柄も悪い。それ以上に、禁欲的な生活を続けるのを負担に感じるメンバーも出始めた。とくに子供が学校に通うようになると、親の価値観を押しつければ、同級生から仲間外れになりかねない。

少なくとも農業だけで生活が支えられるだけのスタイルを築くだけでも長年の試行錯誤が続いた。最終的には、野菜くずや古米や魚のアラなど無料で入手できるものを利用して低コストの採卵養鶏で最低限の現金収入を得て、そのうえで農業用資材や燃材や居住施設をなるべく自給するというスタイルに集約されていった。だが、そのスタイルにたどり着くまで持ちこたえられず、耕人舎の初期のメンバーのほとんどは山を去っていった。例外的存在が、白水節二さん（六八歳）と原和夫さん（六五歳）で、いまも色川に住む。

白水節二さんと仲間たち

白水さんは私が耕人舎にいたときから、際立ってエネルギッシュだった。白水さんはそれまでまったく農業の経験もなかったのに、四〇年前、東京でのサラリーマン生活をきっぱりやめて、夫婦で色川にやってきた。半年間は耕人舎の研修生をしたが、色川内で独立して農業を始めた。

白水さんは採卵養鶏に加えて和牛の繁殖技術を身につけて、現金収入を上乗せする。だが、自給自足志向には揺るぎがない。四反の農地でコメと野菜を農薬や化学肥料を使わずに栽培して自家消費する。味噌などの調味料や保存食はもちろん、パンなど手広く自家製だ。山に入って樹木を伐採して家具や農具や畜舎を作る。薪で暖をとり、炭も焼く。二年前には、農家民宿用の洒落たロッジも手作りした。

白水さんはインターネットを通じた国際的な有機農業運動であるＷＷＯＯＦに参加するなど、外部との交流にも熱心だ。エコな生き方を国際的にも広げたい、次の世代にもつなげたいという気持ちが白水さんには強い。

白水さんの二人の子供は海外暮らしで、色川の農業を継ぐ気配はない。しかし、白水さんたちの生活を知って、都市部から色川に移住する動きは連綿と続いてきた。白水さんは言動に荒っぽさがあるが、心根として面倒見がよい。村山さん・原さんとともに、色川に移住してくる人たちを助けてきた。

色川に来たものの、自給自足の理想と現実が合致せず、色川を去っていく人たちもいる。だが、すっかり色川に定着する人たちもいる。たとえば、福田晋也さん（六二歳）は、もともとは大阪の高校で英語教師をしていた。希望して就いたはずの仕事なのに、だんだんと息苦しさが高まっていった。そういう折、色川のことを聞いてやってきた。白水さんの生活スタイルをみて、「恰好いい」とすっかり魅せられた。三二年前、三〇歳で教師をすっぱりとやめて色川に移住した。畑二反と二〇〇羽の養鶏をしている（一〇年前までは水稲作もしていたが、体力の低下から取りやめた）。鶏卵や野菜を細々と宅配で直売しているが、「所得は貧困レベル」と自嘲しつつ、まったく悔いはないという。

齋藤真弓さん（六四歳）は、三四年前、耕人舎の理念に惹かれて、夫と二人の子供と一緒で色川にやってきた（夫は二八年前にご逝去）。夫婦とも若い時は登山に明け暮れていたそうで、色川に来る前は、定職のない、いまでいうフリーターのような生活をしていたという。色川では四反の農地で化学肥料や農薬に頼らずにコメや野菜を作る。生活は裕福とは言えないが、もともと山の世界で生きてきただけあって、山に囲まれた色川で、当面の食べ物があれば不満を感じない。色川移住後に三人目の子供が生まれたが、三人とも立派に育て上げた。

外山哲也さん（六二歳）・麻子さん（三八歳）は、村山さんの鶏舎と農地を継いでいる。哲也さんが村山さんと長い付き合いがあり、村山さんが病気治療のために色川を去ることになった二〇〇二年に色川にやってきた。鶏卵、水稲、野菜に加え、茶の栽培と加工を手掛ける。自然に手を加えることをとことん嫌い、農業用ハウスはもちろん、耕起やビニールシートの利用さえ嫌う。自分たちが食べたいものを栽培し、余ったものを直売所などで売るというスタイルだ。

なお、農林水産省管轄のＪＡＳ法（正確には「日本農林規格等に関する法律」）は、有機栽培を名乗るためには下記の五条件が満たされなければならないと規定している。

① 「化学的に合成された肥料や農薬の使用を避けること」「遺伝子組換え技術を利用しないこと」を基本として、環境への負荷を出来る限り低減した栽培方法で生産された農産物であること。
② 種まきや植え付け前に、二年以上前から、許容された資材以外を使用していない田畑で栽培すること。
③ 栽培期間中も、許容された資材以外は使用しないこと。
④ 遺伝子組換え技術を使用しないこと。
⑤ 上記の四つの条件が満たされていることを農林水産省の登録認定機関による検査によって認証されること。

この制度には、二つの批判がよく聞かれる。第一は、「許容された資材」が緩すぎることだ。たとえば不健康な家畜の糞をじゅうぶんに発酵させないで作ったできそこないのたい肥は自然環境の保護にも農作物の生育にも資さないが、このようなものを使っても有機栽培と名乗れるのだ。第二は、「登録認定機関による検査」を受けるための招へい費用が農業者の負担になるため、ある程度の生産規模がないと認証を受けるだけのメリットがないことだ。かりに①～④の条件を満たしていても、⑤の認証を受けない限り、有機栽培を名乗ることは違法だ。

白水さんをはじめとする上記の色川の人たちは①～④の条件を満たしている。しかし、費用がかさむので登録認定機関による検査を受けない。有機栽培と名乗るか名乗らないかは彼らにとってたいした問題ではなく、要するに自分で食べるものが安心であればそれでよいのだ。

一億以上も日本には人口があるのだから、アンチ文明的で稀有な人たちが現れ続けるのは不思議ではない。色川が極端な人口減に悩んでいて移住者への期待が強いという事情に加え、白水さんが、村山さん、原さんとともに、先導者として移住者のために農地や家を探したり、生活スタイルの模範を示したりしてきたことが、いまの色川を形作っている。

安田さんが色川地区に来るまで

その色川に、これまでとはまったく異なる感覚の有機栽培を持ち込む青年が一〇年前にやってきた。安田裕志さん（四〇歳）だ。安田さんは、自給自足とは真逆で、有機栽培を通じて利益を出し、雇用を生むことで地域に貢献しようという発想だ。

もともと安田さんは大阪の下町に生まれた。中学を卒業するとすぐに建設関係の仕事に就いた。働いて一〇年たった頃から、お金をかせぐためだけに仕事をしていることに疑問を持ち始めた。では何がしたいのかと自問自答したがはっきりしない。ただ、子供の頃、祖父の農作業を手伝って楽しかったという記憶があって、漠然と農業をしてみようと考えた。

農業で求人があるところを探して、高知県香美市の「大地と自然の恵み」という農業生産をおこなう有限会社で働くことにしたのは安田さんが二八歳のときだ。「大地と自然の恵み」は、小田々智徳さん（六三歳）が代表を務め、西日本で最大規模の有機栽培をしている。ただし、安田さんが「大地と自然の恵み」に入ったときには、有機栽培にとくに関心があったわけではなかった。有機栽培に特別な思い入れがあって農業を始める人が多い中、安田さんの就農パターンは異色といえよう。

小田々さんは、それまでの小規模で自己完結的という有機栽培のイメージを創造的に破壊し、効率性・収益性の概念を有機栽培に持ち込んだ。多くの有機栽培の農業者が自家製たい肥による土作りに労力・努力を割くのに対し、小田々さんは市販たい肥を使う。また、有機栽培は人手がかかるので外国人労働力（形式上は技能実習生）も積極的に導入する。外国人労働者用に快適な住居を建て、モラールを高める。自給自足とは真逆で、遠隔地の都市住民を小田々さんはターゲットにしていて、地元では農産物を販売しない。都市住民のほうが有機栽培に高値を払う傾向があるからだ（彼らは、野菜のよし悪しが判定できずに有機栽培という表示に頼りたがるという見方もできる）。それに伴い、小田々さんは栽培する品目を少なくして輸送経費の削減や、価格交渉力の強化を図る。都市住民は野菜の旬という感覚が弱いので、小田々さんは温室栽培に力を入れて、季節に左右されずに出荷できるようにしている。

先述のＪＡＳ法における有機栽培を名乗るための諸条件が合理的なものかどうかを小田々さんはあえ

て問題にしない。とにかく有機栽培を合法的に名乗ることに意味があると小田々さんは割り切っている。小田々さんは牛飼いを目指したときもあるし、木津市場のヤッチャバ（青果物部門のこと）で働いていたこともある。広範な視野・知識・経験が小田々さんの裏づけだ。

ちなみに、「大地と自然の恵み」が所在する香美市は、漫画家の故やなせたかし氏の郷里だ。アンパンマンミュージアムが観光の目玉だ。山地の中にありながらも比較的平地も拡がり、太陽の日射しがいっぱいで、なるほど、アンパンマンを代表とするやなせ氏の漫画に登場するキャラクターたちのようにのびやかな雰囲気がある。

小田々さんが地域住民に農産物を売らないからと言って、小田々さんに地域愛がないと考えるのは間違いだ。小田々さんは、香美市の豊かな自然を産業振興に活かすことで、地域を元気にしたいのだ。安田さんは、「大地と自然の恵み」で働きながら、栽培技術のみならず、そういう経営スタイルも学んだ。

安田さんの斬新さ

「大地と自然の恵み」で働いているうちに、安田さんはいつかは自営農業をしたいという気持ちが強くなっていった。それと同時に、「大地と自然の恵み」以外の農業の仕方も学びたいと考えた。約一年で「大地と自然の恵み」を去り、杉・五兵衛という大阪府枚方市の農園に移った。この農園は、狭い意味での農業を超えて、観光やレジャーを農業に結びつけている。職務として、安田さんは、グリーンツーリズムのインストラクターの資格を取得するためにスクーリングに出かけた。そこでの交流会の場で、色川のことを知った。

色川では、一九九一年から町役場に色川地域振興推進委員会が設置され、移住者の支援をしている。休暇を利用して安田さんがふらりと色川を訪ねたところ、同委員会からていねいな対応を受けて好印象を持った。さらに、色川の自然や社会の環境が有機栽培に向いていることから、その日に移住を決意した。同委員会の支援を受け、三反半の耕作放棄地と空き家がみつかり、三〇歳にして色川に移住してきた。

「大地と自然の恵み」のやり方を取り入れ、安田さんは栽培作物をしぼっている。主力がしょうがで、そのほかに、おくら、なばな、枝豆を手掛ける。水稲栽培をした時期もあったが、採算性が低いとしてやめた。「大地と自然の恵み」と異なるのは、距離の離れた大都市ではなく、近場を重視していることだ。道の駅などの直売所のほか、地元のスーパーや近接の紀伊勝浦にあるホテルを主な出荷先にしている。将来的には遠隔地の大都市部を狙っているが、「大地と自然の恵み」で働いているとき、地元の消費者から「買いたいのになかなか買えない」という声を聞き、もっと地元向けに売ってもよいのではないかと考えたのだ。

安田さんの農業は上述の有機栽培の条件のうち①〜④を満たしている。認証の費用を負担してまで有機栽培を名乗ることはしないが、安田さんの野菜の評判は上々だ。六年前、紀伊勝浦のお嬢さんと結婚し、子宝にも恵まれた。今後の目標は法人化して規模を拡大することだ。子供の成長にあわせて出費が増えることに備えるという意味もあるが、それ以上に、過疎化が進む色川で、雇用創出の意義が大きいと考えているのだ。この先、高齢化によって農地を手放す人たちが増えていくだろう。それの受け皿となって耕作面積を増やし、目下は一人の従業員の数をもっともっと増やしていきたいと考えている。

たった二年の就農経験でひととおりの栽培ができるようになったことでもわかるように、安田さんの学習能力は高い。「大地と自然の恵み」や杉・五兵衛での経験から、消費者のニーズや経営効率を重視するという考え方も身についている。地元への貢献意欲もあって、頼もしい担い手だ。

安田さんは、これからの有機栽培のあり方は、自給自足志向ではなく利益志向になるべきと断言する。そういう安田さんに対し、自給自足的な有機栽培をしてきた古参の色川の農業者の間では戸惑う声もある。お金が万能の市場経済に背をむけてこその有機栽培だったはずなのに安田さんのようなお金儲けのための有機栽培が増えてくれば、色川全体が市場経済の色に染まり、自給自足派には住み心地が悪くならないかという不安があるのかもしれない。

市場経済の暴走に対抗するというアンチテーゼとして自給自足を志向する動きには社会的な意味がある。ただ、グローバル化が不可逆的に進む中、市場経済を完全に拒絶することも不可能だ。その意味で、自給自足志向か利益志向かというのは、個人の好みの問題に矮小化するべきではない。色川の有機栽培がどのような方向に向かうのかは、日本社会の将来を占うことでもある。

8　批判の際の矜持

私は札幌に行く機会があると、渡辺一史さんに会いに行く。彼は『こんな夜更けにバナナかよ』（前田哲監督、大泉洋主演で二〇一八年一二月に映画版が松竹から公開されている)、などの著作で活躍中のノンフィクション・ライターだ。二〇一八年九月六日未明に胆振大地震で札幌をはじめとして全道が停電(ブラックアウト)になったが、この直前まで、彼と私の二人でススキノの飲み屋で酔っぱらっていた。彼の『北の無人駅から』というノンフィクションが二〇一二年サントリー学芸賞を受け、その贈呈式のときに言葉を交わしたのが縁で、もう一〇年近い付き合いだ。

彼に会うたびに、彼の鋭い視点にハッとさせられることばかりだ。もっとも、彼も私も気難しい。話をしているうちに二人ともきつい口調になりがちだ。おそらく近くにいる人には彼と私が口論をしているように映るかもしれない。こういう危うい関係ながらも付き合いが続いているのはありがたい(私は意見が同じ人よりも違う人と話をしたい)。

二つのルール

彼と私では個々の話題では意見が対立しがちだ。だが、思考の基本姿勢において二つの共通点がある。第一は、「批判の対象に対して心底の共感ができなければ、批判してはいけない」というルールを自分に課していることだ。彼も私も批判することを商売にしているからこそ、批判するときには矜持が必要だ。間違いをおかしている人たちに対して、「自分も同じ境遇ならば同じ間違い(あるいはもっとひどい間違い)をしていただろう」という気持ちになって初めて、問題点を描くのだ。

本書の冒頭で、「農家はだいたい嘘つきだ」という小久保秀夫さんの言葉を引用した。私自身もいたく同感する。それは私も嘘つきだからだ。大事な情報ほど秘匿する(とくに妻の前では)。本書では目先の利便性に流されてしまう農業者・消費者のなさけない性を繰り返し描くが、これもまた私自身の投影だ。第四章では、「農地の錬金術」として、お金儲けに執心して意地汚く立ち回る農地所有者を描くが、そういう農地所有者を責める気はまったくない。私の場合、偶々、農地を持っていないから「錬金術」をしないだけで、かりに農地を持っていたならば似たようなこと（あるいはもっと意地汚いこと）をしていただろう。

渡辺一史さんと私の間の第二の共通点は、「社会にとってプラスな個体は二割だけで残りはマイナス」というアリ社会の法則を信じていることだ。アリ社会では二割だけが本当にエサを集めていて八割はうろちょろしているだけのいわば「ごくつぶし」だ。おもしろいことに、働いている二割部分のアリだけを集めると、また働くアリとさぼるアリとで二対八に分かれる。逆にさぼっている八割分のアリだけを集めると、やはり働くアリとさぼるアリとで二対八に分かれる。渡辺一史さんも私も同じことが人間社会で起きているのではないかと考える。そして誰がプラスで誰がマイナスなのかは、神様にしか判定できない。障碍者とか健常者とかいう、人間の作ったあさはかな分類とは関係なく、つねに二対八だと。私自身、きっと社会にとってはマイナスの存在に相違ない。そしてマイナスなのは残念なことだけれども恥ずかしいことではない。社会がそんなものだから仕方ないのだと。むしろ、自分が正義と信じることのほうが怖いのではないかと（歯止めが効かないから）。

ここで気をつけるべきは、プラスの人であっても、彼ないし彼女のやっていることのすべてがプラスではないことだ。どんなに立派な人でも、一〇のことをやって一〇が正しいということはありえない。人間は神様ではないのだから、必ず間違いや不正義をしてしまう。総体としてプラスだとしてもどこかに間違いや不正義があると考えるべきだ。間違いや不正義が怖いのではなく、それに気づかなかったり、隠ぺいしたりすることの方が怖い。

自然環境保護には虚構が多い

自然環境保護的な取り組みとしてマスコミや研究者などから称賛されている事例を私は全国各地でみてきた。ほとんどが飛び込み取材だ。インタビューよりも、歩いて観察することに時間を割く。そうすると、ほとんどの場合、「自然環境保護的というのは虚構の部分の方が大きいな」という結論にいたる。

個々の事例を批判するのが目的ではないので具体名はあげないが、読者諸氏が思い浮かべる事例のほとんどどといってよい。自然環境保護は難しいのでそれができていないからといって責められるべきではない。だが、虚構が膨らみ続けていることに現代社会の怖さがある。

おそらく、それらの取り組みは、最初は真っ当な部分の方が大きかったのだろう。とはいえ、どういう取り組みでも、間違いや不正義はある（間違いや不正義がゼロというのは神様でもない限りありえない）。しかし、マスコミや研究者は、善と悪の境界線をひきたがるので、いったん称賛に分類されると、間違いや不正義には目をつむる。その結果、称賛された側は慢心や虚栄が強くなり、間違いや不正義を起こしやすくなる。最初は一対九で真っ当な方が大きかったかもしれないが、やがて二対八になり三対七になり四対六になり……という具合に、やがては間違いや不正義の方が大きくなる。しかしマスコミや研究者が作ったストーリーによって称賛を受けている本人は抜け出せなくなってしまう。かくして虚構が自己増殖していくのだろう。

現代人は、自然環境保護を絶対的な善とみなして、理想的な取り組みがおこなわれている事例があるという話を好む。そういう大衆の願望をマスコミや研究者が吸い上げてまずストーリーをこしらえる。そのストーリーにあわせて、都合のよい情報だけを集めて切り貼りするのだ。

似たようなことは農業者への称賛についてもあてはまる。以前はしっかりとした農業をしていた（全部ではないにせよ一定の部分で）のに、驕ってしまって、中身がおかしくなっていくというケースをしばしばみかける。マスコミや研究者に褒められているうちに、間違いや不正義の部分が増殖していったのだろう。マスコミや研究者はつくづく有害だ。

コロナ禍では、研究者の卑怯さにもつくづくがっかりした（自分も研究者なので、自分自身へのがっかりでもある）。インバウンド相手の商売や輸出で高級食材を売ればいいと吹聴していた研究者（いわゆる「識者」も含めて）は、自己批判しないのか？　コロナ禍による客の減少で絶望的状況の人も多々いるのに、研究者が口先だけで何の責任も取らないでいて、しかも罪悪感がないのだとすれば醜すぎる。

私自身はインバウンドや輸出に懐疑論を呈してきた。しかし、私自身も卑怯で無責任な研究者であることに変わりはない。この類のことはセルフチェックが効かない。自覚していないだけで、口先だけで間違った情報をまき散らし、しかし何の責任も感じずにのうのうと暮らしているのに違いない。

二〇一八年にミネルヴァ書房の本書の企画で講演する機会があった。その際の参加者から、私の講演を聞いて、食堂経営を始めるための気持ちの整理がついたという便りがあった。二〇一九年秋に開業し、その開店記念の内覧会にも招待された。当初は順調だったのだが、その後はまさにコロナ禍に見舞われた。彼女は私を責めないけれど、彼女やその周りの人たちにどれだけ禍をもたらしたことか。

「批判に矜持がなくてはならない」と上述したが、正直なところ、自分はそれを守れていない。たとえば、私には、本人のいないところで個人的な批判をしてしまう悪い癖がある。いわゆる陰口だ。批判めいたことをいうときには本人の前でいうように心がけているのだが、つい気が緩んで陰口をいってしまう。

「教師の師の字はペテン師の師」というのが私の口癖だ。大学教師（研究者）というのはいやな職業だ。自分では作物も家畜も育てずに、空調の効いたコンクリートジャングルで農業政策を語るのはまさにペテンだ。だが、世の中にはスリでしか生きていけない悲しい人がいるように、私はペテンでしか生きていけない。

第2章　農業問題の本質

1　農業問題の「芯」と「皮」

農業の主人公は家畜や作物

農業を語るときに、本質的であるにもかかわらず（本質的であるからこそ？）、議論から抜けがちな視点が二つある。私はそれを果物にたとえて、農業問題の「芯」と「皮」と表現している。

「芯」とは、動植物の生理だ。農業とは、人間にとって有用な動植物を育てることだ（最終的にはその命を断って人間の利用に供する）。農業の主人公はあくまでも作物や家畜であって人間ではない。腕のよい農家は、総じて自然に対する敬意に満ちていて、家畜や作物の前で自我を張ることをしない。

この過程は小学校教育になぞらえることができる。小学校の主人公は子供であって、教師ではない。よい教師はやみくもには子供にかかわらない。必要なときには体を張ってでも子供が危険に陥らないように守るが、ふだんは、はた目にはのんびりしたものだ。

子供が良好なパーフォーマンスを呈したときに、自分の腕前の産物だと自慢する教師を、信じることができるだろうか。子供のことを何でも分かっているようにいう教師を信じることができるだろうか。そういう驕りを持った教師に育てられれば、子供の心も歪む。ナントカ先生、ナントカ教育法、ナントカ教材、という具合に、枠組みが強調され、それに子供をあてはめるような学校では、まともな教育は期待できない。

農業者が相手をするのは家畜や作物であって、人間の子供ではないが、生命を育てることにおいては教師と通底する。よい農業者というのは、作物や家畜が何を求めているかをくみとり、それに基づいて行動する。畜舎や農地の観察に時間をかけるが、手出しは意外に少ない。ナントカ農法という類の「お題目」には拘泥せず、柔軟だ。

本書の冒頭で紹介した小久保秀夫さんも、「農法」という言葉を嫌っていた。小久保さんがご自身の技術指導を対外的に説明するときに、便宜上「愛善酵素農法」と名乗ることはあったが、「農業に農法などない」としばしば口にしていた。

残念なことだが、マスコミや研究者というのは、往々にして農業者に焦点をあてたがる。番組や論文を作るのに、その方がやりやすいからだろう。逆にいうと、本当に作物や家畜の育て方がうまい農業者ではなく、外部への対応がうまい（虚構・誇張・秘匿をまじえることもありうる）農業者のほうにマスコミや研究者は光を向けがちだ。

まがりなりにも農業政策を語るものは、作物や家畜の声を聞き取らなくてはならない。それができないなら、いくら生産現場に出かけても、農業者にインタビューしても、内実がない。いくら学校に出かけても、校長室で講釈を聞いて帰るだけで実態がわかったような気になってしまっては、かえって危ないのと同じことだ。

商工業と農業の摩擦

次に「皮」にあたるのが、商工業との摩擦だ。農業は人類の最初の生産活動といわれ、その起源は二万年前にさかのぼる。当時はGDPのほぼ一〇〇%が農業とみなしてよいだろう。しかし、その後の経済成長の主力は商工業だ。大まかに言って、近代化は商工業の発展であり、ほぼ必然的に農業がGDPに占める比率は低下する。実際、先進国では農業は微小な存在にすぎない。農業国といわれる豪州ですら、農業はGDPの二%程度にすぎない。日本も日清戦争のころにはGDPの四〇%を農業が占めていたのが、工業化とともに急減し、一九五五年には二〇%、現在では一%未満まで低下している。

GDPに占める農業の低下は、従前は農業に使われていた労働力、土地、資金が、商工業に移動することを意味する。さらには、商工業で開発された機材や技術や文化が、どんどん農業に入ってくる。その際、商工業の理屈が優先し、農業が歪むことは多々ある。たとえば、農業労働でも週休二日制など、商工業で発達した労働慣行がよくみられる。しかし、家畜や作物が平日と週末を区別するはずがない。農耕社会では作業を始めたり終わりにするきっかけとして、天候、月の満ち欠け、日の出・日の入り、など、あくまでも自然界のペースに合わせてきた。それとは真逆なのが商工業で開発された近代的な時間の概念だ。商工業がすっかり発達した今日では、農業者でさえ近代的な時間で動く。

皮肉なことだが、都市住民に農業にノスタルジーを求める動きがあるのも、商工業が拡大したことの影響だ。都市近郊で都会人向けの週末農業の講師をしている人から「都会から来る人は耕作放棄地で外来種の雑草が異常に繁茂しているのをみて、『自然が豊かで癒される』という」と苦笑まじりの話を聞く。コンクリートに囲まれた生産活動からの逃避願望が先行し、自然に対して自分勝手な解釈を押しつけているのだ。同じように、「農業は商工業とは違ってのどかでのびのびとしている」というノスタルジックなイメージに便乗して、農業参入を広告に使ったり、品質の悪い農産物を高値で売りつけたり、あざとい動きが始まることもある（本章第六節参照）。

新たな機材や技術の開発も、農業の必要性というよりも商工業からの侵入である場合も少なくない。よく知られているように、農薬もトラクターも重化学工業（兵器製造業を含む）の発達の中から生まれたものだ。遺伝子組み換えの作物やクローン家畜や放射線照射による芽止めや殺菌なども、農業の発想ではない。また加工食品の普及の結果、食品工場で扱いやすい形質の作物や家畜を大量生産することが求められるようになる。

逆に農業の論理に商工業が合わせるという動きは、めったにない。よし悪しの問題ではなく、商工業によって農業が動かされるという認識を忘れてはならない。換言すれば、農業の展開をみるときには、同時期に商工業で何が起きているかをつねに注視しなければならない。

このことに関連して、私は農業を「社会を観察する窓」となぞらえる。一般に、経済の動向を観察するとき、世間の目は新興産業とか新技術とか、成長分野に向かいがちだ。成長の理由やプロセスを明らかにすることは確かに社会の変容を物語る。だが、それと同時に、衰退産業である農業がどう削り取られたり、動揺したりするかも、社会の変容の凝集だ。ちょうど写真にポジとネガがあるように、成長分野というポジだけではなく、衰退する農業というネガにも、社会の姿が映る。

2　離婚をするとGDPが増える

農業について議論を進める前に、その対極である商工業における成長のメカニズムについて鳥瞰しておこう。経済学では、GDPの増大をもって成長とみなすのが一般的だ。GDPとは、一定期間（一年とか四半期とか）に新たに作り出された価値（金銭換算）の総和だ。ここで注意しなくてはならないことが二つある。第一に、作り出された価値というのには、物理的な形状を有していないサービス（たとえば、散髪、医療、演劇）も含まれることだ。第二に、金銭による売買が伴わない価値の多くがGDPの対象から外れることだ（金銭による売買が伴わなくてもGDPの計算に含まれる場合もあるのだが、煩雑になるので本書では議論しない）。

抽象論はこれくらいにしておいて、経済成長を理解するための恰好のネタを提供しよう。それは「離婚をするとGDPが増える」という話だ。私は大学で経済学を教える立場にあるが、一年生向けの最初の授業で披露する話だ。

家事を女性の仕事と決めつけるわけではないが、私の妻が専業主婦なので、そういう事例を取り上げよう。たとえば、妻が私のために、どんなに誠意を込めて掃除、洗濯、料理などの家事労働をしても、それはGDPの計算には入らない。私が妻に金銭を支払って家事サービスを受けているわけではないからだ。しかし、私が妻と離婚して、妻が家政婦あっせん会社に登録し、私の家に家政婦としてやってきたとしよう。私は元妻に家政婦としての給金を支払うが、これは金銭の授受が伴うので、GDPの計算対象となる。つまり、離婚に伴ってGDPが増大し、経済が成長したという計算になる。このように、従来は売買の対象となっていなかったもの（サービスを含む）を売買の対象に変えることを経済学では「市場化」と表現する。

さらに、家政婦あっせん会社が家事サービスを掃除専門、料理専門、洗濯専門という具合に専門化する場合を考えよう。それぞれのサービスに特化することでより低料金でサービスが提供できるようになれば需要が拡大し、さらにGDPは増えていく。

さすがに家事サービスがここまで専門化することはまれだが、製造業の専門化は現実的にどんどん進行している。部品専門の製造会社もあれば、組み立て専門の製造会社もある。燃料調達専門、広告専門、クレーム対応専門、産業廃棄物処理専門など、仕事を特化することで、やるべきことがマニュアル化しやすくなり、労務管理・品質管理などが向上し、効率改善がはかられる。このように一連の生産活動から特定の分野を切り出してその分野を専門的に請け負う業者に外注することは「アウトソーシング」といわれ、時代とともに活発になってきている。

商工業では、市場化とアウトソーシングが経済成長の源泉となる。もちろん、新たな生産技術の開発や新たな地下資源の発見なども成長の源泉ではある。だが、市場化やアウトソーシングが成長の大部分を占めるのではないかという説も有力だ。

少なくとも商工業においては、市場化やアウトソーシングの目的は生産効率向上と考えてよいだろう（農業においては事情が異なるのは後ほど論じる）。ただし、市場化とアウトソーシングには弊害もある。市場化・アウトソーシングは作業を単調で味気ないものにしかねない。先に離婚の事例をあげたが、夫婦愛を金銭関係に置き換えることでGDPが増えても、心はむしろ貧相になるだろう（もちろん、幸せな離婚というのもあるので、離婚一般を否定的に考えるべきではない）。

なお、厳密にいうと、自営業で家族労働を雇う場合や、農家が自家消費目的に作物を栽培する場合の取り扱いなど、実際のGDPの計算では細かい学術上の決まりがある。本書ではこれ以上を論じないが、GDPの測り方は現下の経済学の意味を考えるうえでも有用だ。関心のある読者は経済学の教科書を紐解いて欲しい。

3　農業と商工業の違い

農業も商工業も、経済的価値を生産する経済活動であることには違いがない。だが、生産をおこなう環境と、源泉となるエネルギーに大きな違いがある。

まず、生産をおこなう環境に注目すると、商工業の場合は工場とかオフィスといった人為的な空間という特徴がある。屋外作業もあるが、その場合でも、なるべく風雨などに左右されないようにする。また、そこで使用されるエネルギーは、電気やガスなどの人為的に作り出したエネルギーであり、出力のタイミングも大きさも、人間が制御する。

これに対し、農業は畜舎や圃場など人為による制御が難しい空間で、しかも太陽光線という自然エネルギーに依存する（いわゆるハイテク野菜工場のような完全閉鎖型も農業のひとつの形態としてあるが、これについては、別途論じる）。太陽光線は不断に降り注ぐが、天候などの影響を受けて、エネルギー量はつねに変動するし、その変動を前もって予測できる範囲はきわめて限られる。つまり人為的エネルギーの場合と異なり、太陽光線エネルギーは出力のタイミングや大きさを制御できず、それどころか予見することとさえも難しい。

そういう使いにくさはあるものの、太陽光線エネルギーは、無料でふんだんにふりそそぐという点で、まさに天の恵みだ。それを植物が光合成によって固定化し、その植物を食べて家畜が育つ。無料で天から頂戴した太陽光線エネルギーを、いかに無駄なく使うかが、農業の巧拙になる（もちろん、太陽光線エネルギーの直接の利用者は作物であって、農業者の役割はそれを扶助するにすぎない）。

このような状況下で、農業者の最大の役割はいかにして生育不良を防ぐかにある。生育不良はそれまでの費用や労働をすべて台無しにしかねない。失費削減というと労働費や資材費の節約を連想しがちだがそれは商工業的な発想だ。制御できない自然環境下で家畜や作物を育てるという農業の生産活動においては、生育異常の抑制こそが失費削減の肝だ。

家畜も作物も、生物の宿命としてつねに生育不良の可能性と背中合わせだ。生育不良をゼロにするのは不可能だが、その可能性を低減する工夫や努力はできる。かりに生育不良が発生しても、初期時点で気づいて的確に処理すれば、短時間の労働と少ない資材の投入で生育異常の被害をおさえこむことができる。いかにして生育異常が起きにくい環境をつくるか、いかにして生育異常を早期に察知して、的確に対策を打つかが、農業の腕前だ。

腕の劣る農業者は、生育異常の発生に気づくのが遅れがちで、しかも対処の仕方を間違えて、作業時間も費用もかさむことになる。まあまあの腕前の農業者は、生育異常の初期に気づいて、的確に対処することで作業時間と費用を減らす。もっと腕のよい農業者は、生育異常が発生する気配を未然に察知して、原因になりそうなものを除去するので、さらに作業時間も費用もかからない。換言すれば、「作業時間と費用をかければよい農産物ができる」という単純な話ではない。

生育不良を防ぐためには、科学的知識・思考と経験の両方が求められる。病害虫対策に科学的思考が必要なのはもちろんだが、現代農業では、新品種や新資材が次々と開発される。たとえば新品種が登場したときに、どういう交配で作り出されたのかを理解すれば、気温や水分の変動に対する耐性などの見当をつけることができる。新資材が登場したときに、その工学的特性を科学的に理解していれば、効果的に使える。

ただし、科学は万能ではない（農薬が効かないスーパー雑草の発生など科学には限界がある）。科学的な向学心を忘れてはならないが、作物や家畜に敬意を払い、精神を集中して観察することこそが生育異常対策の基本だ。生育環境の整備や、生育異常時の対応に、完璧なマニュアルなぞない。教育や医療と同じで、臨機応変な対応が求められる。

天候に恵まれ、近在で病害虫が発生しないなど、好条件に恵まれれば、稚拙な農業者でも生育不良に悩まされないですむ。農業者の腕前が判明するのは悪条件に遭遇したときだ。圃場や畜舎はつねに予期せぬ事態が発生しうる場所であり、ふだんから万一を想定しての準備や、生育異常への警戒ができていなければならない。不作のときに気象条件の悪化などで不可抗力だったかのように責任逃れの言い訳をするようでは、農業者としては失格だ。

4　技術と技能

前節では「腕前」というやや漠然とした表現を使ったが、農業の巧拙を表現する際には、「技術」と「技能」の違いに注目する必要がある。労働経済学と経済史に造詣の深い斎藤修氏がこの二者の区別の有用性を提唱している。斎藤氏には数多くの名著があるが、とくに『比較経済発展論』(岩波書店、二〇〇八年)は示唆に富む。斎藤氏の分析の主眼は商工業であるが、それを農業にも拡張しつつ、技術と技能の違いを以下に論じる。

技術と技能の違いを一口で言えば、「マニュアル化できるか」だ。一般に大量生産の工場では、大多数の労働者は製造の全体像がわかる必要はなく、割りあてられた工程のみを与えられたマニュアルに沿って作業すればよい。技術開発の役割はもっぱら専門部署として別個に存在し、新たな技術の開発とともにマニュアルの書き換えをおこなう。

大量生産の工場と対極をなすのが特注品を請け負う町工場だ。需要者からさまざまな注文を受けては、材料や製造工程をその都度工夫する。そこにはマニュアルなぞなく、たぶんに職人技であり、これが技能だ。技能は、科学知識とともに、試行錯誤の経験によって獲得される。

技術と技能の対比は、「スーパーで売っているパート労働者が作るパック寿司」と「専門店で職人が握る寿司」という対比に擬えることができる。パック寿司製造用のマニュアルと機器を準備することで、素人の労働者でも、安価でそれなりの味わいのあるパック寿司ができる。これに対し、寿司職人の場合は長年の修業が必要だ。その修業には、ゴミ出しとか食器洗いとか、寿司を握るという作業には直接関係しないような作業もあるが、それも含めて寿司に対する総合的理解を培う。親方にこき使われる長い下積み時代を耐えなくてはならない。そしてひとたび免許皆伝で一丁前の職人となれば、年老いても、店が変わっても、自在に寿司を握って食通を満足させる。

技能の習熟には時間がかかるため、大量に技能のある労働者をそろえるのは困難だ。現代社会は工業製品が大量生産されているが、これは、技能に依存しない生産体系を作ることで可能となる。つまり、生産過程をこまかい工程に分解し、それぞれの工程に適した機器とマニュアルを導入するのだ。

技能が技術に置き換えられる過程は、一八世紀の英国の産業革命を描写したアダム・スミスの古典、『諸国民の富』に表現されている。同書で有名なのはピン生産の事例だ。裁縫用のピンを作るにあたって、職人が一人で全工程をカバーしようとすれば、一日に二〇本も作れない。ところが、作業を四つに分割し、第一の者は針金のひき伸ばしの作業に特化し、第二の者はこれを真っ直ぐにする作業に特化し、第三の者はこれを切る作業に特化し、第四の者はこれをとがらせる作業に特化する、という具合に工程ごとに分解し、それぞれに専用の工具を与えれば、一人一日当たり四〇〇〇本以上もの生産が可能となるという事例だ。こうしてもたらされる生産性の向上は、「分業の利益」と呼ばれる（厳密にいうと、ここでいう「分業」は工程に関わるので「垂直的分業」といわれる。これに対し、本章第七節で出てくる「国際分業」は消費される商品の種類に関わるので「水平的分業」といわれる）。

このような生産工程の分断は、労働者の技能を無用化させる。従来、一人の職人が全工程をこなすことにより、職人は自分の理解力を深めたり創意・工夫をこらしたりすることができた。ところが、工程分解は機器やマニュアルへの依存を強め、技能が発揮される余地はきわめて限定される。そこでは、労働も単に賃金で売買される対象となる。これは「労働の商品化」と呼ばれる。

「労働の商品化」がもたらすもの

「労働の商品化」は、人間生活の時間と空間の概念を根本的に変える。現代では、時間を労働と余暇に分離するのが当たり前になっている。しかし、近代以前においては労働と余暇の分離は決して明確ではない。たとえば、自然の再生産力を尊重するというアイヌの生活を考えよう。彼らは種々の祭礼を催すが、それは自然の傷み具合を探索するためと理解するならば、生産の場であり労働の時間といえる。同時に、祭礼には音曲や飲食の楽しみも伴うので、消費の場であり余暇の時間ともいえる。どちらかに限定しようとするのは無理（ないし野暮）だ。

現代でも、芸術家の創作活動に労働と余暇の区別を求めるのは無理だろう。一見すると、創作活動は関係ないような活動の中からアイディアがうまれることがある。また、芸術作品（芸術家の生産物）の評価も客観的基準は設定しがたい。こういう生産活動においては労働を時間で売買するのは難しい。しかし、商工業の発達は、労働と余暇を分離し、労働の対価としてお金を稼ぎ、余暇の時間を消費にあてるというスタイルを確立した。同じことは空間についてもいえる。たとえば芸術家にとってアトリエは生産の場所でもあれば余暇の場所でもある。苦痛の場所でもあり愉悦の場でもある。しかし、近代以降の労働者の圧倒的多数は、つらいけれどもお金儲けのために活動する場所（たとえば工場）と、愉悦のために活動する場所（たとえば遊技場）が明確に分離される。時間的にも空間的にも、生産と消費の分離がおこなわれるのだ。

このように、産業革命によって「労働の商品化」にたどり着いたことは、よくも悪くも画期的だ。換言すると、「労働の商品化」ができたからこそ、分業の利益を享受できたともいえる。

「労働の商品化」は人間の時間と空間の概念を一変させるものであるがゆえに、そのための社会的装置が必要となる。その最たるものが学校教育だ。教育社会学に造詣の深い辻本雅史氏は「近代社会で必要な知識教授と集団的規律訓練の場として、学校は制度化された。学校は子どもを社会生活からある程度引き離し、強制的に囲い込んだ空間である。学校の肥大化は、やがて社会が学校で修得したことによって成り立つ（学校が社会を規定する）転倒した様相さえ呈することもある。これを『学校化社会』といってもよい」と描写している（辻本雅史「歴史から教育を考える」辻本雅史編『教育の社会文化史』放送大学教育振興会、二〇〇四年）。

子供が学校に行くのは当たり前のように考えられがちだが、現在のような学校教育は人間の摂理を考えると異常な点が多々ある。たとえば、運動量が活発な子供を教室に押し込めているし、伝染病にかかりやすい若年層を一カ所に集めているし、特定の善悪判断を刷り込もうとしている。辻本氏の「学校化社会」という言葉には、そういう特異性をも包含した意味合いがある。

かつての農業では、個人よりも集団が単位になる活動も多かった（田植えやお祭りなど）。そこでのコミュニケーションは、教育の効果も持った。つまり、農業では労働、余暇、教育が混然一体となっていた。その意味で農業は、本来、「労働の商品化」にはなじみにくい分野だったといえる。しかし、近代以降は、農家の子弟も学校教育を通じて、「労働の商品化」に適合した行動様式を刷り込まれることになる。農業機械、農薬といった工業製品をとくに疑問を感じることもなく受容し、時間の概念でも農業労働を余暇から明確に分離することになる。

「労働の商品化」は商工業を発展させるが、農業や農家に利益をもたらすのかは疑問だ。作物や家畜への観察眼が低下し、生育異常に対する適切な処置ができなくなるかもしれない。それ以上に深刻なのは、「労働の商品化」が、農業が本来持っている愉悦を失わすかもしれないという問題で、これについては第三章第五節で再論する。

技能集約型農業の勧め

先に技能と技術の区別を説明するために職人が握る寿司とスーパーのパック寿司という比喩をした。同じように、農業のあり方についても、技能を重視する技能集約型農業と技術を重視するマニュアル依存型農業の二分類して議論すると有用だ。技能集約型農業では作業内容は非定型で、圃場や畜舎の状態次第で臨機応変に対応する。これに対してマニュアル依存型農業では農作業の徹底的な定型化を図る。気温や降水などが平準値を超えた場合の対応も、マニュアル依存型農業では事前に対応パターンを決めておく（気象変動に対して何もしないという「決め方」もある）。

有機農法とかハイテク農法とか、使用する資材や機器に人々の注目がいきがちだが、むしろ、技能集約型かマニュアル依存型かに注目するべきだ。今日ではマニュアル依存型が圧倒的に多い。たとえば、畜糞由来の有機物をとにかくまけばよいという類の「名ばかり有機栽培」もマニュアル依存型農業だ。自然農業と称しているものの中には、農地の観察もせず、耕起も施肥も給水もせず、放置を決めこむものがあるが、これも「何もしない」というパターンに固執しているのでマニュアル依存型農業（さらにいえば、マニュアル依存型粗放農業）だ。週末のみの片手間農業でお決まりの高価な農業機械を買いそろえ、農業機械会社が提供する作業暦に忠実なパターンがみられるが、これもマニュアル依存型農業（さらにいえば、マニュアル依存・化石エネルギー多投入型小規模農業）だ。昨今、企業の農業参入でよくみられるのは、資金力にものをいわせて、閉鎖型の植物工場を作って人工光で作物を栽培するというマニュアル依存型農業（さらにいえば、マニュアル依存・化石エネルギー多投入型大規模農業）だ。

これに対し、技能集約型農業は総じて小規模で化石エネルギーへの依存度も低い。そのぶん、知識や経験や創造性など、人的能力を必要とする。自然環境を具に観察し、土作りをはじめとして熟練の技を投入して、健康的に動植物を育てることに徹し、特級品の農産物を作って高く売るという方向である。肥料や資材の購入を極力減らして自家製にするが、これは単なる経費節減だけではなく、自家製のものをあれこれ工夫する過程で作物の性質に関する知識をさらに深める機会にもなる。

とくに注意をうながしたいのは、技能集約型農業は、伝統的農業とは明確に異なることだ。伝統的農業では手がける作物や栽培方法の変化は緩慢だ。したがって、伝統的農業ではそれぞれの地域の先達のやり方をなぞることが中心で新たな知識や方法の上乗せはあまり要らない。換言すれば、伝統的農業では経験知は有用だが科学的な知識や思考はとくに必要とされない。

これに対し、技能集約型農業では科学的な知識や思考が決定的に重要だ。農産物に対する消費者の嗜好は移ろいやすいし、新たな作物品種や農業資材が次々と開発される。地球温暖化を受けてこれまで想定しがたかった規模で気象変動する。これらの変化に対応するためには、科学の力が不可欠で、経験知に固執してはならない。たとえば、原産地の気候を調べて新品種の癖をつかむとか、新たな資材の工学的特徴を調べて使い方を工夫するとか、先取の気概と勉強が必要だ。

「とりのさと農園」の橋本昌康さん

技能集約型農業の具体例として、以下に、愛知県で五〇〇羽の採卵鶏と二ヘクタールの畑作にとりくむ「とりのさと農園」の橋本昌康さんを紹介する。橋本さんはもともとは四国の漁家に生まれ、漁師として跡を継ぐつもりだったが、学業がよくできるというので学校の先生に説得されて大学まで行き、卒業後は名古屋の工場で働いた。工場勤務の傍ら、公害病救済運動にも熱心に取り組んだ。四一年前に工場勤務をやめ、農業を始めた。いまでは安定的な家族営農にたどり着いているが、そこまでの過程は並大抵でない苦労と努力があった。一一年前に、それまで東京でサラリーマンをしていた娘さんが夫婦で戻ってきて、後継者として一緒に農業をしている。

橋本さんの農業は、自己完結的・環境融和的・費用節約的だ。自営の畑作で出た野菜くずなどを中心にして、鶏の餌は完全に自給だ。人間でもそうだが、糞は健康状態のバロメーターだ。橋本さんの鶏舎の糞は実にきれいで芳香さえ漂う。この鶏糞を原料にして、橋本さんは極上のたい肥を作る。

橋本さんの畑作はすべて露地栽培だ。ハウスを建てる費用をかけたくないし、四季に合わせたものを作りたいからハウスはそもそも要らないのだ。農業資材も極力、自作する。経費節減の意味もあるが、自分の畑に合ったものは自作だからこそできる。

農薬を買わなくても、病害虫の発生を防いだり雑草を退治したりする術を橋本さんは持っている。たとえば、灌水のタイミングとか、マルチ（農地の表面を覆うビニールシート）の張り方次第で、病害虫や雑草を抑制できる。このあたりは橋本さんの職人技だ。一緒に働く娘さん夫婦でも、なかなかまねできない。

橋本さんの手掛ける野菜は一〇〇種類近くにも及ぶ。自然界の生態系というのは、たくさんの動植物が共生して成り立っている。人間の都合で同一の農作物をまとめて作れば、生態系が崩れて、病害虫が発生しやすくなる（近年、ブランド化のために地域で作物を統一する動きがあるが、これも商工業的発想で、病害虫の蔓延というしっぺ返しにあうことも珍しくない）。もちろん、多品種をでたらめに作ってはいけない。種の近親度合いなど、生物学的根拠に立脚しなければならない。

この多品目化は、収益の安定化という効果もある。たとえば、雨に強い、暑さに強い、生育が早いなど、品種ごとに癖がある。それらを組み合わせておけば、どういう異常気象にも、被害を緩衝できる。どういう作物を畑のどこで栽培するのか、どういう資材を使うのか、その選択は簡単ではない。橋本さんは、自然科学の知識と思考に基づき、それに経験を上乗せして最善策を考える。

橋本さんは、鶏卵と野菜をセットにして、契約している生産者に直接、出荷する。露地栽培で適期に収穫するので、農作業はお天気任せの部分が多くなり、いつどういうセットを作るかを前もって決めにくい。消費者の選択の自由度が狭められるものの、旬の野菜ばかりで、野菜の本来の味を楽しめ、栄養価も高くなる。こういういい野菜は、消費者自らが調理して、野菜の特性に合った料理や保蔵をして欲しいものだ。それでこそ、食して消費者の健康にも資する。逆にいうと、スーパーでの買い物のように、好きなものだけを買いたいという利便性重視の消費者には、橋本さんのセット野菜は向かない。

最近、農業の高付加価値化と称して、やたらと農産物加工が礼賛されるが、もしも本当に高付加価値を求めるならば橋本さんの事例から学ぶべきだ。付加価値は、収入から原材料などの費用を差し引いて求める。巷で流行している議論では、売り上げの単価を高める策ばかりが強調され、それゆえに加工度を上げることが主張される。しかし、加工にはさらなる原材料の投入が伴うので、加工品の単価が思うほど高くなければ、かえって付加価値を減らす。そもそも、加工品を買いたがる消費者は利便性重視の傾向が強く、農産物本来の品質の判定には疎い。したがって、加工農産物で儲けるのであれば、加工原料の農産物を買いたたいたり安価な輸入品に切り替えたりするほうが得策だ。つまり、農産物加工の礼賛は、日本農業を崩壊にいざなう可能性がある。

先に寿司職人の寿司とスーパーのパック寿司の例をあげたが、両者にはそれぞれのよさがあるし、相互に補完的な役割がある。スーパーは寿司職人の技を分析してパック寿司の品質改善・価格低下を追求するし、それに負けまいとして職人はさらに研鑽を続ける。同じように、技能集約型農業とマニュアル依存型農業は、どちらかのみが正しいというものではない。ただ、今日の日本農業では、技能集約型農業が絶滅の危機に瀕している。現代人が習熟に時間を要する技能取得に関心を失っているのが主因だが、政府によるマニュアル依存型農業への補助の影響もある。政府は大型機械や農産物加工に補助金を積極的に支給し、さらには、生育異常や売れ行き不振などで損失が出た場合に救済をするタイプの補助金（「保険型補助金」と呼ばれる）を「充実」させると表明している。これに対し、橋本さんの農業は自立型で、補助金の支給対象にならない。もしかすると、いまの日本社会では、地味に真っ当な農業をしようとする橋本さんの存在は、むしろ煙たがられるのかもしれない。技能はいったん消失すると再現できないものが多い。このまま技能軽視が続けば、将来世代にとって大きな損失になりかねない。

5 農業をめぐる三つの罠

識者の罠

農業問題を議論するときに注意すべき三つの罠がある。第一は、一般に「学がある」と自認している「識者」がひっかかる罠であり、いわば「識者の罠」だ。

一般に「識者」といわれている人は、自分が一般大衆よりもまさっているという前提が崩れることを極度に嫌う。そこで、頼るのがいわゆる「上級市民」のネットワークを通じて得る情報だ。これが商工業ならばある程度その作戦は通用する。しかし、農業の主人公は作物や家畜だ。猛暑や寒波がどういう影響を与えているのか、新品種や新技術がどの程度効果があるのか農業労働や農業機械に過剰や不足はないかなど、重要事項は日常的に作物や家畜に接していなければわからない。農業団体の代表でさえ、しばらく圃場や畜舎から遠ざかっていると、農業の感覚は悪くなる（そのぶん、政治的折衝の感覚は磨かれるかもしれないが）。

大学や農業試験場で働く研究者を連れてきても、耕作の実態がつかめるかどうかはあやしい。研究者というのは往々にして論文を書いたり発表したりするための都合を優先しがちだ。論文作成の技術や経験は、耕作の技術や経験とは別物だ。実際、私が大学の実験圃場などへ行くと、生育異常の多発（おそらく怠慢というよりも腕前が足りないのだろう）を目のあたりにして啞然とすることがある。

農業の名人といわれている人でも、講演会や著作に忙しい人の主張は懐疑的に接するべきだ。私も書くことを仕事にしているが、読者に対して真摯に向き合うために、心身を削る覚悟で臨まなくてはならない（実際、私自身も執筆は不快な作業であり、健康を害しがちだ）。農業者が文章に書きなれていない場合、プロのライターなどの補助者に頼ることになろうが、それ自体は責めるべきではない。しかし、そういう補助者の役割を明確にしないのであれば、読者に対して不誠実だ。読者に対して不誠実な者が作物や家畜に対して誠実になりうるのだろうか。農業名人として人気の人たちが講演や著作で描いていることと彼らの実態が矛盾しているという事例を、私自身、いろいろと知っているが、個々人を批判するのが私の目的でないのでこれ以上は書かない。ただ、読者に対して誠実でありたいともがいている私として、執筆にあたって補助者の存在・役割を明確にしない農業者に対しては違和感を持たざるをえない。

「識者」自身が作物や家畜の声を聞くのに疎くとも、野良で働く農業者に聴き取りをすればよいと思う人もいるかもしれない。残念ながら、そのようなやり方も通用しない。野良で働くものが、本当のことを話すという保証はどこにもない。本書の冒頭で小久保秀夫さんの言として紹介したように「農家はだいたい嘘つきだ」という前提で向き合うべきであって、嘘を見抜けないような間抜けな「識者」は、現実と実態の距離を拡げるだけの「増幅器」だ。

農政についてあれこれと発言する「識者」は多いが、彼らのほとんどは耕作については素人だ。彼らを圃場に連れて行っても、生育状態の判定もできないだろうし、そもそも何が植わっているのかもわからないのではないか。これが他の産業ならばどうだろうか。たとえば、もしも、発電・送電について素人同然の見立てしかできない人間が電力業界について持論を展開しても、マスコミも一般消費者もそういう人を「識者」とは認めないだろう。この点で、農業ぐらい素人が「識者」になってしまっている領域は珍しいのではないか。

スローガンに頼る「識者」たち

「識者」は作物や家畜のことがわからなくても、「識者」らしく振舞おうとする。そこで、「識者」がひねりだすのが、スローガンに頼るという方法だ。ブランド化、脱サラ農業、野菜工場、有機農業、新規就農、半農半X、輸出振興、ハイテク農業という具合に、スローガンの乱発となる。そして、そのスローガンを提唱するのに都合のよい情報だけを切り貼りするのだ（某強権国家で、元首を称賛するために作為的なストーリーが捏造されるが、それと同じ手法だ）。いかにも高尚そうで、耳あたりのよい内容になるから、聴衆・読者は真実かどうかを深く詮索せずに心地よく聞き入ってくれる。かくして「識者」は耕作を語ることなく「識者」であり続けることができる。

このことに関連して、よく特定の組織や団体（政府だったりJAだったり財界だったり）の利益を代弁する研究者が御用学者として批判される。だが、私に言わせれば、御用学者ぐらい性質《たち》のよい研究者はいない。彼らの言っていることが偏っていることが明々白々で、その意味では人畜無害だからだ。もっと怖いのは、いかにも善良なふりをしている一般の研究者だ。北海道農業が農薬多投で環境破壊に陥っていること、日本の乳牛は不健康が目立つこと、農業者（改革派を標榜している農業者も含めて）がおうおうにして補助金漬けなこと、など、大衆受けしない情報から、そういう研究者は逃避しがちだ。つまり、都合の悪い真実には目をつむるという点では御用学者と同じだ。それでいて彼らはいかにも不偏不党そうにしているから性質が悪い。

「識者」が好むスローガンには、たいがい懐疑的に接するほうがよい。たとえば、「識者」は農産物のブランド化をほめがちだ。作物や家畜の生育について疎くてもブランド化ならばコンクリートジャングルの住人でも十分にできる。しかし、一時的にブランド化で売れて、その後、ブームが去って売れ残りに悩まされるというのもよくある（たとえば宮崎マンゴー）。そういう都合の悪い話はまずマスコミや「識者」は取り上げない。もっとも、売れるときに売れるだけ売って、その後素早く撤退するという「ヒット・エンド・ラン」が商売の鉄則だからそれでよいという見方も商工業的にはできるかもしれない。ただ、それは農業を商工業の生贄にすることを意味する（もちろん、農業を犠牲にしてでも商工業を伸ばすべきという考え方もあってよいが、それならそうと公言しなければ不正直だ）。

同じことはハイテク植物工場についてもいえる。科学が万能という前提に立てば、作物や家畜が主人公ではなく、学術が主人公になる。工場のような閉鎖空間を作り、太陽光ではなく人工光を使い、土ではなく溶液を使い、コンピューターで気温や湿度を管理するというハイテクを駆使した植物工場を「これからの農業」としてマスコミと「識者」が礼賛するというのは、半世紀以上前から繰り返されているパターンだ。だが、ほとんどの場合は、補助金頼みだったり、話題作りの見世物だったりだ（補助金といっても、科学研究費のような人目につきにくい巧妙な形式をとりがちだ）。太陽や土といった無料の資源をわざわざ人工物に置き換えるのだから、採算が合わないのは自明だ（ただし、チコリ、カイワレ大根、モヤシのように、光合成を必要としないものではハイテク植物工場に採算性がみられる）。実際、ハイテク植物工場は数年内に閉鎖されることが多いのだが、そういう都合の悪いニュースは、マスコミも「識者」も「頬かむり」だ。

エネルギーをいくら多投しても構わないなら、動植物を人工空間で育てることはできる。科学が無謬ならば、遺伝子組み換えでもクローンでもどんどん使えばよい。しかし、そういう驕りがいかに危険かは、原子力発電所の事故や、抗生物質の利かないスーパー耐性菌の出現からもあきらかだ。なお、太陽光発電でエネルギーを得れば、自然環境保護的であるかのような議論がしばしば聞かれるが、それは発電時に自然環境に負荷を与えないだけだ。太陽光発電用パネルの製造と廃棄は自然環境に多大な負荷をかけるし、太陽光発電用パネルが降雨時の地表水の流れを速めて洪水や河川の汚濁を招いている。原子力発電が発電時に二酸化炭素を出さないからといって自然環境保護的とはいい難いのと同じように太陽光発電が真の意味で自然環境保護的といえるのかははなはだ疑わしい。

もちろん、科学技術の発達は貴いことであり、農業にも恩恵がある。ただし、科学技術を現実の農業に適用する際には慎重な吟味が求められる。科学技術に対して過度の期待も軽視もせず、じっくりと冷静に付き合うのが肝要だ。

台湾の譚茂松さん

「識者」が最近、好んで使うスローガンとして「農産物の輸出」がある。だが、このスローガンを耳にするたびごとに、輸出の危険性を認識しているのかと私は首をかしげる。私はシンガポール在住時に貿易商と親しくなり、彼らの商談にも同行したことが何度もあり、農産物貿易がいかに危険の巣窟かをまざまざとみせつけられた。工業製品のように規格化がされていないので注文とは異なる現物が来ることがしばしばおこる。運搬中にわずかの間に外気にあたって、冷蔵品・冷凍品が傷むこともある。動植物検疫で不可解に時間を要する場合もある（いやがらせの場合もある）。そういうトラブルに巻き込まれると、一夜にして生涯かかっても返せないような膨大な借金を抱え込むこともある。

台湾の譚茂松さんもそういう大借金の経験者だ。譚さんは食肉処理場の労働者から身を起こして対日豚肉輸出の会社をたちあげた努力家だ。日本語を熱心に勉強し、順調に日本での販路を拡大していった。ところが一九九七年三月に台湾で豚の口蹄疫が発生するや事態が暗転する。日本政府は台湾での口蹄疫発生の報を聞いて直ちに、台湾からの豚肉輸入を禁じたのだ。日本人の好みに合わせて仕入れた豚肉だからいまさら売り先を変更しようにも一方的に買いたたかれる。かくして、一夜にして大量の不良在庫を抱えることになり、譚さんは破産した。当時は日本の輸入豚肉の四割が台湾産だった。譚さんの仕事仲間には自死や夜逃げもあった。譚さんは、電子楽器のセールスマンとなって、涙ぐましく働いた。家族の糊口をしのぐのが精いっぱいという日々が長く続いた。

やがて、譚さんに転機が来る。譚さんの食肉の知識と日本でのネットワークが評価され、台湾の大手食肉会社の重役として拾われたのだ。その企業が加熱済み豚肉製品（口蹄疫が発生している国からの生の豚肉輸入を日本政府は禁じたが、加熱済みであればこの限りではない）を日本に売り込むにあたり、譚さんを切り込み隊長にしたのだ。

譚さんは期待にこたえて日本でチェーン展開する有名外食店に向けて、豚丼用のトッピングを台湾で作って輸出することに成功した（ただし、関税の節約のために、豚肉を減らして野菜を多めにすることによって肉製品の範疇を外れるようにし、日本国内で豚肉を追加するという手順をとる）。

台湾に行くたびに、私は譚さんを訪ねる。養豚農家、と畜場、豚の生体市場など、なかなか外国人が入りにくいところでも連れて行ってくれるし、商談（その後の宴会も含めて）にも同席させてくれる。譚さんはビジネスには辛いが性格は温和だ。かつての苦労話を笑って話す。ひとつ間違えれば、譚さんも自死の運命だったかもしれない。そういう悲しい選択肢に陥った台湾人がたくさんいただろう。譚さんに会うたびに、農産物輸出の怖さを私はかみしめる。

農産物輸出振興の虚構

農産物貿易は当該者の責任でなく、根拠のないイメージで翻弄されることも多い。中国でメラミン混入牛乳が出回ってニュースになったとき、「だから中国産は怖い」と、関係のない農産物まで中国産を日本の消費者は拒絶した。同じことは、海外が日本に対してもおこないうる（実際、福島の原発事故以降、放射能汚染されていない日本産農産物に対してまで拒絶反応がみられる）。

先述の通り、農産物貿易にはトラブルがつきものということを忘れてはならない。貿易のロットが大きければトラブルがあったときの交渉力もあるが、日本がどんなに輸出を増やしたところで国際市場でのシェアはちっぽけで、海外勢力の前では圧倒されてしまう。

私がシンガポールに在住していたとき、日本からの農産物輸出振興のミッションがひんぱんに来ていた。彼らは一流ホテルを借りてレセプションをする。招待客に日本の農産物にリップサービスしてもらう。彼らのシンガポール滞在中の空き時間には、カジノなどのリゾートで楽しい時間をすごす。そういう一連の手配を引き受ける業者もいる。農産物輸出をしたいのではなく、農産物輸出振興を名目としたシンガポール旅行がしたいのだと私の目には映る。

もちろん、まじめに輸出に取り組んでいる業者もいる。群馬県の鳥山畜産は、二〇年近く前から牛肉の輸出を手掛けている。鳥山畜産は日本でも有数の肉用牛一貫経営で研究機関とも連携して食味向上に真摯に取り組んできたという自負がある。しかし、鳥山畜産は海外のバイヤーから称賛されるという甘い期待をして輸出に取り組んでいるわけではない。鳥山畜産は欧米の牛肉文化に敬意を表する(寿司文化の本場が日本であるように、牛肉文化の本場は欧米なのだ)。自分たちの牛肉がどう評価されるかをチェックするために輸出しているのだ。

褒められたり高値で売れたりするのを期待するのではなく、酷評を受けることも含めて、自らの欠陥や慢心を戒める機会を求めて輸出に取り組むという謙虚で凛とした姿勢が適切ではないか。最近、国産農産物の輸出がやたらと「明るいニュース」として取りあげられるが、第一章第一節で記したミツバの話と同じ愚に陥っていないだろうか。

ノスタルジーの罠

農業を語るとき、情緒的に「美しい農業者像」が描かれがちだ。いわば「ノスタルジーの罠」だ。都市住民には、農業者といえば「ふるさとの昔話」に出てくるような貧しくても堅実に働くお百姓さんの姿をイメージしがちだ。

しかし、農業者が貧しいとか純朴であると信じる理由はない。政府統計で世帯員一人当たりの可処分所得や資産残高を農家と非農家で比較すると、農家のほうが恵まれている状態が半世紀も続いている。零細農家というといかにも貧しそうな印象を持たれがちだが、その多くは年金やサラリーマン兼業で安定的な収入を得て、都市の同世代よりも総じて恵まれている。よく農家の高齢者を「救済されるべき人々」であるかのようにマスコミや「識者」は取りあげるが、農家は住む家（そして家庭菜園）もあるし近所づきあいもある。むしろ身寄りもなく老朽化したアパートで食費を切り詰めながら孤独死予備軍というべき暮らしをしている巨大都市の高齢者のほうがよほど事態は深刻なのだが、なかなかそういう方向に議論が向かわない（おそらく、そういうニュースを受け取ると、自分も民生委員などをして困窮者を助けなくてもよいのかというプレッシャーを感じるからだろう）。

ギャンブル好きでパチンコ屋に入り浸っている農家も珍しくなく、堅実というイメージは疑ってかかるほうがよい。そもそも、農家は地権者であり、土地の稀少な日本では地権者は往々にしていろいろな金儲けの機会がある。第四章で詳述するように、農地転用での「錬金術」もある。補助金の不正受給（ちなみに、コロナショックの打撃を過大申告して持続化給付金を不正受給している農家がかなり多くあると私はみている）といった邪な金儲けのネタは農業に多くころがっている。

「美しい農業者像」を疑うことは、農業者だけがことさらに醜いことを意味しない。人間というのはどういう職業であっても醜いものだ。汚れがないはずの聖職者が、実は煩悩の虜という話はよくある。かくいう私自身、不正を働くし、自分勝手な嘘もつく。人間の醜さを認めて、どうすれば社会に平穏を築くかを考えることこそが社会愛ではないのか。

「美しい農業者像」を妄信することは、決して日本農業の利益にならない。やや大げさに聞こえるかもしれないが、情緒的な美化が蔓延すると不当な弾圧を生む危険性もある。かつて、国粋的に日本精神や日本文化が美化され、それにそぐわない行動に対しては「退廃」とか「非国民」のレッテルが張られてつるし上げられたことがある。実は、いま、それを彷彿させるような事例が日本農業でも起きている。「日本農業の応援団」を自称する人たちによる農業者いじめが起きているのだ。「国産の安全安心な農産物が好き」といっている消費者が、田畑で農薬がまかれていて危険だとか、農業機械が道路に土を落として汚しているとか、畜舎から悪臭が漂うとか、農業者に文句を言ったり役場に通報したりするのだ。これも日本農業を「美しい」と決めつけているための横暴だ。

宮崎駿監督の映画が描くバーチャルな自然の美しさに耽って室内に閉じこもりになり、リアルな自然との接触を断つという皮肉な現象も起きている。農業論議におけるノスタルジーの罠は、リアルな農業を直視しないという点で、それにも似ている。

そもそも、美しくないものを否定的にとらえるのはおかしいのではないか。それは人間関係にも似ている。つかの間の遊びの感覚で異性と付き合うならば美しい側面だけをみていればよいかもしれない。しかし、人間として付き合うならば美しくない側面も含めて受け入れなければならない。ときとして、美しくない側面の方が美しい側面よりも愛おしさを醸すものだ。芸術、学術、報道の本来の目的は、そういう愛おしさを表現することではなかろうか。美しくない側面を具視してこそ、真の社会愛ではないか。

経済学の罠

「ノスタルジーの罠」が保守派ないし懐古派的な農業論に陥りやすい一方で、革新派的な農業論を標榜するときに陥りやすいのが「経済学の罠」だ。すなわち、経済学の教科書で学んだことをそのまま農業に当てはめようという発想だ。たとえば、経済学の教科書は、完全競争のメリットを強調する。しかし、これは、個々人が自由に（他者から干渉されることなく）意思決定ができ、取引相手を探すのにまったく費用がかからず、また取引にあたって品質に関わる虚偽がなく、決済も滞りなくおこなわれるなどの、理想的な条件が整っていることを前提としている。だが、現実の経済活動はそういう理想状態からほど遠い。とくに農業の場合は水や土地をめぐって集落の構成員同士で利害関係を調整しなければならないため、ますます経済学の教科書的な議論と現実が乖離する。しかし、「経済学の罠」に陥ってしまうと、教科書的な議論が「あるべき姿」でそれにそぐわない現実が「間違った姿」として論じられるという本末転倒に陥ってしまう。

そもそも、経済学の理論がいかに使われるべきなのだろうか。意外なことに（?）、この本質的な問題が直接的に議論されることは少ない。そういう中にあって、猪木武徳氏の論考が傾聴に値する（猪木武徳『経済学に何ができるか』中央公論新社、二〇一二年）。猪木氏は「現実に起こることは必ずその理論の結論から外れている。外れた場合に、理論は『なぜか』という問いを生む準拠枠を与えてくれる」「良質な理論ほど、『なぜか』という問いが本質的なものになる」と論じる。その意味で「多くの場合、理論は否定的に使用されるべき」と指摘する。

いうまでもなく猪木氏の論考はひとつの見識であって、万人が従うべき基準ではない。それにしても、猪木氏のように、冷静かつ謙虚に経済学を使おうという姿勢が農業論議では抜け落ちているように思えてならない。物理学の発見が平和目的でも戦争目的でも使われうるように、学問（物理学などの自然科学であれ経済学などの社会科学であれ）には「諸刃の剣」の要素があることを忘れてはならない。

とくに、小泉改革あたりから、経済学における教科書的な議論を単純にあてはめて「規制の存在（あるいは規制にしがみつく守旧派勢力）が生産性を低下させる」という主張が、絶対的な真実であるかのように論じられる傾向がある。「規制緩和さえすれば万事よくなるのに農林水産省と農業団体（とくにJA）がそれを妨害している」というわかりやすい（ただし、わかりやすさと正確さは異なる）ストーリーが「改革派」を標榜する人たちの間に流行る傾向がある。この議論は経済学の枠組みを使うことで高尚な感覚を楽しめる。農林水産省やJAを悪者に仕立てることで正義をよそおうことができる。第四章で詳述するように現実の農林水産省やJAの組織力はすっかり弱体化しているから逆襲を招く心配もなく、スケープゴートとして罪を押しつけることができる。

これは先述の「識者の罠」とも共通することだが、そもそも正義というのは往々にして「悪者をたたく」という構図で使われがちだ。この場合、悪者がいなければ正義は発揮できなくなる。悪者がみあたらない（あるいは真の悪者を敵にしたくない）のに正義を主張したい場合は、誰かを悪者に仕立てなくてはならない。実際、特定の属性を持つ人々（団体・組織・国家も含めて）に罪を押しつけることによって正義の英雄として称賛を集める（ただし、その後の歴史の中で英雄どころか極悪人の評価を受ける場合もある）という事例はさまざまな時代にさまざまな場所で起きている。「泣いた赤鬼」の寓話が教えるように、正義を演じるものはときとしてこのうえなく残虐になる。

罠への対抗

人間は誰でも「自己肯定バイアス」があるといわれる。自分の考え方や行動（過去も含めて）が正しい（過去の場合は正しかった）と考えたがる傾向だ。上述の三つの罠も、そこに起因している。完全な自己否定が非生産的なのはいうまでもないが、まずは自己を適切に抑制し、虚心坦懐になってこそ、罠から逃れることができる。

農業とは、動植物を育てることだ。本書の冒頭から何度も繰り返し主張するように、「作物や家畜の声を聞く」ことが肝要で、それによって健全な自己抑制ができる。

科学的知識・思考をふまえたうえで、実体験を重ねれば、だんだん作物や家畜の声が聞こえるようになってくる。その際、幼少期に五体と五感を使って感受性を培っていることが好ましい。腕のよい農業者に会うと、私は子供の頃の遊びを尋ねる。ほとんどの場合、彼らは釣りだったり、水泳だったり、木登りだったり、山や川での経験を楽しそうに話してくれる。

その点で、現在の日本の山や川は自然環境が破壊されていて、遊び場になりにくいのは残念だ。この問題をどうするかについて、第五章で再論する。

6　就農賛歌が若者をつぶす

若者の新規就農を奨励する報道には枚挙にいとまがない。大学の先生などが「識者」として登場しては、「農業就業者のうち三分の二は六五歳以上の高齢者だ。もっと若者に農業へ関心を向けさせ、補助金などで新規就農を促すべきだ」という解説を打つ。あまりにも見慣れたパターンだ。

しかし、現実は、この解説とはまったく異なる。若者の新規就農が足りないのではなく、新規就農した若者が少なからず使いつぶされ、心身に傷を負ったり、将来を見失ったりしていることこそが問題だ。

まず、農業をする資質を持っている若者は少ないという事実に向き合わなくてはならない。どういう職業であれプロとして仕事をするためには最低限の資質が必要だ。それなしに、単に「興味がある」とか「やってみたい」という動機だけでは続かない。

農業に必要な四つの資質

農業をするために不可欠な資質として四つを指摘できる。

第一は肉体的な強靱さだ。農業は屋外作業が多いから、寒暖や風雨にさらされがちだ。残念ながら、いまの日本人は空調の効いた室内環境に慣れきっている。徹夜のコンビニでのアルバイトはできても、屋外作業には体がついていかないことは多々ある。

第二は動植物とコミュニケーションをする能力だ。農業は作物や家畜を育てるという産業だ。あくまでも主役は作物や家畜であって、人間はその扶助をするにすぎない。これは小学校の生徒と教員の関係になぞらえることができる。育っていくのは生徒自身であって学校の教員はそれを見守る立場にすぎない。教員が主役になってしまい、生徒に教員の理屈を押しつけるようでは本末転倒で、下手をすると虐待になりかねない。農業においても、動植物の声を聞き取って、それにあわせて農作業をしなくてはならない。残念ながら、この点をはき違え、「有機栽培」とか「自然農法」とか、人間の「能書き」に固執した「頭でっかち」な若者を多々見かける。その足元では、家畜や作物が生育不良をおこしているのに気づかなかったり、気づいていてもきちんとした対処ができていなかったりする。これでは動植物虐待ではないかと悲しくなる。

第三は、科学的思考をする能力だ。現在は、次々と新品種や新資材が生まれるし、流通技術も日進月歩だ。そういう環境変化に対応するためには、経験知だけでは足りず、自然科学の知識と思考が不可欠だ。ところが、中高生の基礎学力の低下や学習意欲の低下が指摘されて久しい。とくに「理系離れ」といわれるほど中高生の間で自然科学が嫌われる傾向がある（ちなみに英語などコツコツと積み重ね学習が求められるものが全般的に敬遠されており、「理系離れ」は決して「文系愛好」を意味しない）。この点でも、若者に軽々に農業を勧めにくい。

第四は、日常的なあいさつをするなど、周囲の人たちとコミュニケーションする能力だ。日本の農業では、ひとつの集落で水利を共有し、お互いの農地が近接している。このため、一か所でもおかしな農業をすれば、集落全体の水利が狂ったり、病害虫が伝播したりしかねない。それを防ぐためには、日常的に集落単位でよくコミュニケーションをとらなくてはならない。都会の人間関係から逃避しようとして農村に来たがる人がいるが、実のところは、農村のほうが都会よりもコミュニケーション能力が求められるのだ。

以上の四つを満たす若者は決して多くない（若者に限らず全世代的な問題だが）。この背景には、日本人が自然に疎い生活をしていることが指摘できる。私は決して欧米のやり方を礼賛するつもりはないが、欧米では教育水準が高く経済力のある家庭ほど、週末などを利用して親子でピクニックやハイキングなどの自然体験をする。日本はその真逆で、インドアのスマホゲームなどが好まれるし、家族で外出するとすればショッピングセンターや遊興施設といった具合で人為的空間が好まれる。そもそも夏は冷房、冬は暖房に頼って、日本人は外気に身をさらすのを嫌がる。当然、子供の時に自然に触れ合う機会が少なくなる。これでは動植物とのコミュニケーションはできなくなるし、心身とも脆弱になりがちなのも当然の帰結だ。

もちろん、四つの資質を維持している若者もいる。かつてスポーツに専念してきた元わんぱく少年・少女が新規就農に成功するというケースを各地でみかける。彼らは肉体も強いし、競技を通じて気候や競争相手に応じて自分の態勢を変えるという習慣が培われている。いまのスポーツは試合でもトレーニングでも科学的思考が要求されるし、チームワークの必要性も自然と学ぶ。職業としてスポーツ選手を目指したけれどその夢がかなうとは限らない。方向転換で農業を目指すというのもよいかもしれない。実際、私が知っている優れた農業者には、野球、サッカー、バスケット、競輪、陸上、相撲、など、スポーツに打ち込んだ経験のある人が多い。

若者を食いつぶす人たち

スポーツ経験の有無はさておき、かりにこれらの四つの条件を満たす若者がいても、もうひとつ別次元の問題がある。新規就農の若者を食いつぶす人たちがたくさんいるのだ。この食いつぶしには六つのパターンがある。

第一は、ハゲタカ・ビジネスだ。新規就農のためには初期の数年は失費続きが避けられない。農機具などの購入資金もだが、初めての土地ではなかなかよい作物はできないし、売り先の確保にも苦労する。初期時点でそれなりの蓄えが必要だ。その蓄えを巧妙にむしりとっていくハゲタカのような人たちがいる。栽培の指導者やバイヤーを仲介するとか、格安の中古の農機具が出ているとか、言葉巧みに新規就農者からお金をあさる。術中にはまって身ぐるみはがされた若者が、悲観して自死をしたケースもある。

第二は、貧困ビジネスだ。たとえば、農業を営む法人が新規就農希望者を雇い入れると、年間一〇〇万円を超す新規就農補助金が出る（これは国からの補助金だが、地方自治体からの上乗せがあることもある）。これをめあてに、低賃金労働者として若者を農業雇用するというパターンだ。失業者や身寄りのない高齢者などを劣悪な収容施設に入れて、生活保護などの支給金をピンハネするという貧困ビジネスが社会的な問題になっているが、それの農業版だ。

第三は、若者を広告塔に使うというパターンだ。若者が農業をする姿は絵になる。農業を営む法人や行政は、新規就農支援を自らのイメージアップ戦略に使うことが多々ある。その場合、若者が本当に農業に打ち込むと、イメージアップ戦略通りに動いてくれない可能性がある。そこで、あえて、技能向上につながるような作業や訓練は施さず、農業はへたくそなままに数年間雇って、若者としての「賞味期限」が切れたら追い出す（あるいはやめるように仕向ける）というのが得策ということになる。

第四は、非営農目的で農地を所有している人たちによる若者の排斥だ。実は、節税や将来に宅地や商業施設や公共施設などに転用することを目論んで農地を保有しているケースは決して珍しくない

（ただし、そのホンネが公言されるのはまれだが）。つまり、農業はアリバイ的にしているだけで、真の狙いは農外転用という場合も少なくない。農地は自由に農外転用できないと法律の条文上は書いてあるが、法律の運用においては抜け穴だらけだ。農地を売ってお金儲けをしたいと考えている人たちにとって、農業に熱心な若者は邪魔者だ。たとえば、農地を買い占めてショッピングセンターを建設するという話がもちあがったとき、熱心に農業に取り組んでいる若者がいれば、農地の買収に反対するだろう。そうなると、せっかくの転用機会が消失しかねない。つまり、若者がやってきて数年間の農業をして話題づくりになるのは大歓迎だけれども、それ以上、若者に長く居続けられては困る。いろいろな難癖をつけて、農村から追い出してしまう。

典型的なのが亀岡盆地だ。寒暖差が大きく、水が豊富という好条件のため、京野菜の八割が作られるといわれるほど農業の好適地だ。しかし、亀岡駅北側に大規模サッカースタジアムが建設されたことを契機に土地投機が沸騰している。農地所有者の中には宅地開発のプロジェクトがまいこむことを期待していて、農業はそれまでのかりそめと考える人たちもいる。熱心に農業に取り組んでいる人にうかつに貸し出して農外転用に反対されては困る（あるいは近在に農業に熱心に取り組む人がいては困る）からと、農業に専心する人を追い出しにかかる。残った農地で、機械さえ買いそろえればできる水稲作（農業経営としての収益性や農産物の品質は悪いが）をしながら農外転用の機会を待つというパターンがみられる。

第五は、若者を使い捨ての肉体労働者として扱うというパターンだ。行政から表彰され、マスコミなどから好意的に取り上げられている農業団体でも、劣悪な労働環境で若者を搾取している例をみかける。労働基準監督署に通報しようにも、閉ざされた社会なので、なかなか証拠が集められない。新規就農の若者にやせた農地を貸し付けて、若者が数年かけて地力を回復させたところで農地の返還を求めるという手口もある。そうやって、心身を痛め、若者がボロボロになっていく。

第六は、消費者、マスコミ、研究者による無責任な褒めそやしだ。褒めて応援しているつもりかもしれないが、新規就農者が天狗になってしまい、修業を怠ったり、周囲との協調を忘れたりする。新規就農者にとって必要なのは称賛の言葉ではない。手抜きや欠陥を見抜いてダメ出しをすることだ。もちろん、ダメ出しをするからには、出す側にも品質を見極める努力といった本気度が求められる。安直な褒めそやしではなく本気のダメ出しが若者を育てるのだ。

第五と第六のパターンの融合型として、なんでもかんでも新規就農者に押しつけるというのも増えている。「地域の担い手」とはやしたて、あるいは地域で受け入れていることを恩に着せ、条件の悪い農地での耕作を強いたり、消防団や水利当番などの労苦を伴う仕事をまかせたりというものだ。なまじまじめで義理堅い若者ほど呪縛のように過大な仕事を負ってしまう。

7　農業ブームの再発火？

二一世紀になってまだ四半世紀にもならないが、日本経済は二つの大激震を受けた。ひとつは二〇〇八年のいわゆるリーマンショックで、もうひとつは二〇二〇年のコロナショックだ。この二つのショックは、日本農業に奇妙な影響を与えた。リーマンショックが引き金となって、政界・財界・報道界・学界がこぞって日本農業の礼賛を始め、「農業ブーム」と呼ばれる社会現象が起こった。しかしその熱狂的礼賛がコロナショックでぴたりと止んだ。農業ブーム自体が、農業の実態を伴わない虚像にすぎず、それ自体も異様だが、ブームが起こるタイミングも終わるタイミングも実に興味深い。本節では、「農業ブーム」の顚末を追うことで、日本社会における農業の位置づけを論じる。

ウルグアイ・ラウンドまでの日本経済

結論を先にいうと、「農業ブーム」の主役は、財界（製造業者の団体）と一般大衆だ（決して農業者ではない）。まず、製造業者の事情から説明しよう。日本の製造業は、日本経済が第二次世界大戦直後の窮乏状態から世界でもトップクラスの高所得国へと躍進する過程で牽引役を果たしてきた。現下は脱工業化時代にあって製造業のウエイトは低下しつつあるが、それでもＧＤＰの二三・五％（二〇一九年時点）を占めている。

日本の製造業の絶頂期は一九八〇年代だ。日本のモノ作りの品質の高さが評価され、日本製の工業製品は高い国際競争力を誇った。日本の工場で採用されていた生涯雇用や下請け制度などに特徴づけられる「日本型経営」が称賛され、「ジャパン・アズ・ナンバーワン」が国際的な流行語にもなっていた。

日本の製造業が好調だった理由として、世界情勢が日本に有利に作用したことが指摘できる。第二次世界大戦以前のブロック主義の反省に立ち、第二次世界大戦後の先進国は自由貿易推進に突き進む。象徴的には一九四七年に署名された関税と貿易に関する一般協定（英語からの略称であるＧＡＴＴで表記されることが多い）だ。資源の少ない日本が世界中から原材料を輸入し、日本の工場で製品に仕上げて世界中に輸出するという「加工貿易」が機能したのも、自由貿易体制の恩恵だ。

だが、日本製品が流入してくる国からすると、日本製品のせいで自国の製造業が圧迫され、工場が閉鎖し、労働者が失業する。日本製品の好調な輸出は「集中豪雨的」と海外からは揶揄された。とくに、対日貿易赤字が膨らんだ米国からは、日本の工業製品輸出に対する批判が高まり、ジャパンバッシングと呼ばれる日本製品への拒否運動が燃えさかった。

他方、農産物においては、日本は関税や数量規制など、さまざまな輸入規制を課していた。そもそもGATTが工業製品を念頭に置いて発足したとはいえ、確かに、これでは日本の貿易政策がアンフェアと映るのもしかたのないところだ。とくに、日本がコメについては全面的な輸入禁止（泡盛原料米輸入など、極めて限定的な場合に限り認められていた）をしており、コメの輸出能力が高い米国から厳しく批判された。

集中豪雨的に工業製品の輸出をする一方で農産物輸入には高い障壁を設けるという日本の姿勢が糾弾の標的として吊しあげられたのが一九八六年から八年がかりで続いたウルグアイ・ラウンドと呼ばれる多国間交渉だ。この交渉は、GATTを発展的に解消し、世界貿易機構（英語からの略称であるWTOで表記されることが多い）の設立を目指すという重大なものだった。

交渉が進むにつれ、日本がコメの全面輸入禁止を見直し、制限つきでもコメ輸入を解禁しなければ日本がウルグアイ・ラウンドから離脱せざるをえない状況まで追い込まれていた。この状況で、財界が持ち出したのが「国際分業論」だ。各国が輸出入に関わる全ての障壁を撤廃し、各国が得意な分野の生産・輸出に専念し、不得意な分野の生産を縮小して輸入品で置き換えれば、すべての国でGDP増大などの経済的利益が得られるという考え方だ。要するに、優勝劣敗（価格競争の敗者は市場から消えて勝者が市場を制圧する）という市場経済のメカニズムをエレガントに表現したものだ。入門レベルの経済学の教科書でも取り上げられるほど基本中の基本の理論だ。

これに対し、JAなど農業団体は、食糧のような生活必需品を輸入に頼れば、国家を危機に晒すとして、輸入障壁の堅持を主張した。この議論は「食糧安保論」といわれ、論理的な整合性があるかは異論が多々あるが、一般消費者の情緒に訴えた。当時の世論調査では国民の七割がコメ輸入禁止を堅持するべきという回答だった（『日経流通新聞』一九九二年六月一一日付、第五面）。

結局のところ、ミニマムアクセスという数量枠を設定してコメ輸入を認めることになった。ちなみに、当初欧米からは高額関税でのコメ輸入解禁が求められていた。政府（当時は細川政権）は関税ではなく数量枠の設定にすることによって国内のコメ生産への打撃を和らげたと説明しているが、実態はその真逆でむしろ輸入量を増やすことになっている（詳しくは神門善久「米政策研究会の米関税化シミュレーション・モデルの特徴」『農業経済研究』第六六巻第三号、一九九四年参照）。ミニマムアクセスの方式では行政の権益が守られることから、輸入米が増えることを承知の上で関税ではなく数量枠によるコメの輸入を政府は選択したと思われる。しかし、輸入反対派は、高額関税を拒否したことについての弊害をほとんど追及しなかった。おそらく欧米からの要求の具体的内容を輸入反対を唱える人たちの大多数は理解せず、コメ輸入の全面禁止を続けるかどうかにしか関心が向かわなかったためと推察される。農業政策では、国内農業に不利な政策を、国内農業保護を求める人たちが支持（ないし黙認）するというおかしな現象がしばしば起こる（豚肉の差額関税制度はその典型例だ）。農業者の不勉強に乗じて、理念として国内農業保護を訴え、具体的な制度設計で巧妙に行政の権益を守るというのが、農業政策に携わる行政関係者の妙味（皮肉な意味で）なのかもしれない。

財界による「攻めの農業」の背景

ふりかえってみれば、ウルグアイ・ラウンドは、日本の製造業が元気だった最後の時期ともいえる。一九九〇年代に中国をはじめとする新興勢力が急速に工業製品の国際競争力を強め、国際市場で日本の製造業のシェアを奪い始めた。他方、日本経済は「失われた二〇年（三〇年と呼ばれることもある）」といわれるほど長期の不振に沈む。とくに、二〇〇〇年代に入ってからは、日本を代表する製造業のはずの家電、自動車、鉄鋼で巨額の赤字や事業縮小が相次いだ。このような情勢にあって、財界からはかつての「国際分業論」を唱える声がぴたりと止む。代わって、財界が唱え始めたのが「攻めの農業」という考え方で、典型的には、日本経済調査協議会（財界系シンクタンク）が二〇〇四年に取りまとめた「農政の抜本改革」という政策提言で、その内容は下記の六点に要約できる。

① 日本農業は高い潜在的競争力を有する。
② ところが、現在の農家や農業団体は旧弊に染まっていてその潜在的競争力が発揮できていない。
③ 農外の企業が農業に参入すれば、そういう旧弊を打破するような新たな経営や技術が導入される。

④　六次産業化（第一次産業である農業の生産物をそのままで売るのではなく、第二次産業である加工や第三次産業であるレジャー・観光・食堂などに結合させること。1＋2＋3＝6という語呂合わせ）が農業を活性化する。
⑤　農外企業は六次産業化に長けている。
⑥　政府は農外企業の農業参入や六次産業化のために制度的・資金的な支援をするべきだ。

「攻めの農業」は国際分業論のような論理的な根拠があるわけでもないし、ましてや実証的な根拠があるわけでもない。もっぱら情緒的判断を連ねたもので、その意味では食糧安保論との類似性がある。

「攻めの農業」の肝は財界が農業参入を口実に日本政府からの保護を引き出しにかかったことにある。財界としては「もう中国などの攻勢の前には国際市場で勝てないから日本政府の保護が欲しい」とは公言しづらい。かつて優勝劣敗の国際分業論を提唱してきたという体面が財界にあるからだ。また、ＷＴＯは製造業に対する直接的な保護を禁じており、その意味でも財界は自らの職種への補助金を求めにくい。そこで、農業をダシにして、保護を受けようというのが「攻めの農業」の要点なのだ。財界からすれば、ウルグアイ・ラウンドのときにさんざん農業への過保護を目の当たりにして苦々しく思っていたが、今度はそれを逆用しようという発想だ。

ただ、次章で詳述するように、農産物を作るのは工業製品を作るのとは勝手が違う。農業機械や資材を買いそろえて、天候変動が想定内におさまるのであれば、一応、作物は育つ。しかし、所詮は素人農業で、収量や品質が安定しない。そういう弱点をカバーするべく加工や宣伝などに力をいれるというのが六次産業化という凝ったネーミングの背後に隠された本音だ。それは調理などの家事に手間をかけたくないという消費者の利便性志向にも同調する。第一章で説明したように、ブランドなどへの依存強化と併進する消費者の舌の愚鈍化にも同調する。

反中感情

「農政の抜本改革」の発表直後は、農業政策の関係者の間ではある程度の波紋を呼んだが、社会的現象となるまではいかなかった。そもそも国民の大多数は農業についてさほど関心がなかった。しかし、農業への注目度が一気に高まるのが二〇〇八年のリーマンショックだ（リーマンショックは和製英語に近く、国際的には The 2008 Global Financial Crisis などと表記される）。二〇〇八年九月に米国の大手投資銀行リーマンブラザーズの経営破綻が契機となって始まった世界的な不況だが、その打撃は日本でとくに大きかった。二年間で名目GDPが八％以上低下しており、まさに未曽有の景気減退だった。他方、中国経済はリーマンショックの影響が軽微で、高成長を続けていた。一九六八年以来、日本は長らく世界二位のGDPを誇っていたが、その座を中国に明け渡すのは確実になった（実際に、二〇一〇年に中国のGDPは日本を追い抜く）。

工業製品の輸出でも中国の勢いはすさまじい。日本国内でも、家電など身近な商品でもメードインチャイナが氾濫するようになった。欧米諸国もかつてのジャパンバッシングはすっかり下火になり、ジャパンパッシング（「日本は相手にするにも値しないので素通りする」という意味）という言葉さえ生まれた。

このような情勢下で、中国の急成長のおかげで日本は不況になったのだという短絡的な思考が日本国内で拡がった。おりしも、いわゆる歴史教科書問題を引き金に二〇〇五年に中国の主要都市で反日暴動が起きたことで日本国内に反中感情が醸成されていたことが、そういう思考を助長した面もある。

かくして、経済停滞の閉塞感と中国をはじめとする新興国への敵愾心が高まっていき、いわば逃避的思考として日本がまだ世界に誇れるものがあるはずだ（とくに中国に対して優越感にひたれるものがあるはずだ）という思考が芽生え、その受け皿として日本農業が取り上げられるようになったのだ。

実際には、中国をはじめとする新興工業国は農産物でも品質向上は目覚ましい。世界でも最先端クラスの素晴らしい取り組みが中国で着実に増えている。もちろん、劣悪な畜舎や農場も残っているが、それらが淘汰されていくのは時間の問題だ。ただ、農産物の場合、新興国の追い上げがみえにくくなる要因が二つある。

第一は流通経路の整備に時間がかかることだ。食料品は腐敗など劣化が早いうえ、最終需要者である個々の家庭は小口で多種類の消費を短い時間間隔で頻繁におこなう。生産者も製造業に比べると格段に小さい（もっとも、巨大農場が増えつつあるが）。このため、生産から消費まで、冷蔵庫などのハード面、在庫管理・配送計画のソフト面が確立しなければ、流通の過程で品質が悪化してしまう。ハード面・ソフト面の整備には、共同倉庫の建設やソフトの開発・利用にかなう人材育成など社会的投資が必要で、個々の企業でできることが限られている。いずれは流通経路が整備され、高級農産物が効率よく生産・消費されるようになるだろうが、それまでは、農業生産の技術が上がっても、ただちに高級農産物の増産とはならない。日本は、コンビニや宅急便にみられるように、きめの細かい流通システムをすでに確立しているので、一日の長がある（もちろん、その有利が消えるのも時間の問題だが）。

第二に、そしてより重要なことに、農産物は工業製品のような規格化がしにくい。このため、客観的証拠を伴わないまま主観で優劣を主張しやすい。おりしも、中国国内でメラミンが混入した牛乳が出回って乳児が死亡したり、中国から輸入した肉製品に殺虫剤が混入していて日本国内で食中毒が起きたりするなど、二〇〇〇年代に入って中国の農産物に対して悪いイメージが拡がったことから、農産物の話をすれば、日本の優位を夢想しやすかった。

リーマンショックと日本農業の美化

かくして、リーマンショックが深刻化するにつれて、国内農業が美化され、いろいろな夢物語が報道されるようになった。「攻めの農業」、六次産業化に加え、定年帰農、半農半X、地産地消、里山資本主義など、さまざまなスローガンが生成ないし普及した。科学技術を駆使したハイテク農業が礼賛されることもあれば、伝統農法や人為をとことん排して自然にゆだねるという粗放農業が礼賛されることもあった。シブヤ米と称して、若い女性が田植え体験をしたコメや、元五輪メダリストや元プロ野球選手の名前を冠した農産物が高値で売り出された。世界的権威の宗教家にコメを献上したとか、農業がらみの話題が常にマスコミをにぎわした。相互に矛盾していようが、それぞれのストーリーにどれだけ信ぴょう性があるかは不問のまま、各人各様に夢を描いた。書店では農業コーナーが設けられ、農学部を新設する大学まで現れた。

このような風潮を政治家が見逃すはずがない。農業ブームのなか、日本農業を賛美することが、農業者というよりも都市の有権者をひきつけるために有効な作戦になった。

リーマンショック以降、菅義偉が総理大臣に就任するまで、総理大臣が六回変わった。麻生太郎（二〇〇八年九月から二〇〇九年九月）、鳩山由紀夫（二〇〇九年九月から二〇一〇年六月）、菅直人（二〇一〇年六月から二〇一一年九月）、野田佳彦（二〇一一年九月から二〇一二年一二月）、安倍晋三（二〇一二年一二月から二〇二〇年六月）だ。いずれの総理大臣も、農業は成長産業と宣言し、農業政策を経済政策の目玉に据えた。典型的なのが安倍政権だ。「農業ブーム」以前の二〇〇六年九月から約一年間が第一次安倍政権だが、このとき、安倍氏は特段に農業政策を強調しなかった。ところが、二〇一二年一二月に安倍氏が政権に復帰するや否や、アベノミクスと称する経済政策パッケージの一環として成長産業の育成をあげ、農業をその最有力候補として指定した。二〇一〇年の口蹄疫禍、二〇一一年の放射能汚染と、日本農業をめぐる客観的状況は第一次政権のときよりも悪化していたにもかかわらずだ。

かくして財界が主張する「攻めの農業」を政府が積極的に取り入れるようなった。政府は、伝統的な農業者を対象にするのではなく、新規就農ないし六次産業化の意向を持つ商工業者を念頭に置き、制度や補助金の設計を見直すようになった。たとえば、農地法を頻繁に改訂し、これまで農業に携わっていなかった者にも農地の利用権取得が容易なようにした（ただし、これは条文の表現の問題であり、実態としては利用権と同等の権利を得ることは可能だったので、一連の農地法改訂以前に実質的にどれだけ利用権取得が制限されていたかは慎重に判断するべきだ）。六次産業化支援のために大型の補助金が設計されるが、受給の申請がきわめて煩雑で、くわえて農外の商工業者との連携が不可欠なため、個々の小規模な農業者に無理なのはもちろん、ＪＡでも手に余りかねないもので、もっぱら商工業者を助けるものだ（もっとも、六次産業化の「認証」というお金はまったく動かず肩書だけ与える制度があり、これは小規模な農業者でも無理なく受けられるが、実のところ六次産業化を美化するためのイメージ作りとして小規模な農業者が政府に利用されているのだ）。

近年、収益の変動に対する保険型農業補助金が増えているのも、農外からの参入支援になる。農外からの参入は農業機械に頼った硬直的な農作業になりやすく、ちょっとした気象変動などに対して脆弱になる。その心配を保険型農業補助金は緩和する。逆にいうと、腕のよい農業者は少々の気象変動があっても安定的な収穫をあげられるのだが、そういう農業者は保険型農業補助金の恩恵にはあずかれない。つまり、保険型農業補助金を増やすことで、日本農業の劣化を助長しているという見方ができる。

農業ブームの不完全な鎮火

農業ブームの盛衰を数量的に把握するのは難しいが、ひとつの試みとして、「農業」と「成長産業」をキーワードにして検索して、ヒットした新聞記事の数で測ってみよう。いわゆる四大紙（朝日、毎日、日本経済、読売）を対象に一年ごとに集計したのが表２‐１だ。農業ブームは二〇〇九年に始まり、二〇一三年にピークに達したことがわかる。その後、漸減傾向に転じるが、二〇〇九年以前に比べると高い水準を維持してきた。ところが、二〇二〇年に一気に低下し、二〇〇九年以前と大差なくなる。つまり、二〇二〇年で「農業ブーム」は終焉したとみることができる。

表2－1 「農業」と「成長産業」を含む記事の数

年	朝　日	日本経済	毎　日	読　売
2000	9	1	2	8
2001	6	5	2	4
2002	4	2	5	5
2003	3	1	4	2
2004	0	1	4	2
2005	2	1	3	4
2006	2	2	2	1
2007	4	1	1	0
2008	5	3	1	4
2009	18	21	24	16
2010	15	20	11	22
2011	19	24	20	16
2012	34	24	41	40
2013	43	65	54	64
2014	40	46	53	59
2015	21	34	44	45
2016	30	26	38	49
2017	32	10	19	34
2018	20	13	8	20
2019	23	11	11	21
2020	6	6	7	8

出所：朝日新聞記事データベース聞蔵Ⅱ、毎日新聞記事データベース毎索、日本経済新聞記事データベース日経テレコン、読売新聞記事データベースヨミダス歴史館より著者が作成。

この背景には、コロナショックがある。実は、「農業ブーム」の華やかさに隠れて、日本農業は、長年、構造的な問題に悩まされ続けていた。具体的には①飽食と人口減にともなう農産物需要の減退、②日本人が幼少期から屋外活動をしなくなった結果としての農作業能力の低下、の二点だ。これらの問題を解決しうる道筋は外国人の活用だった。二〇〇三年一月の小泉内閣による観光立国宣言以降、政策的後押しも受けて、訪日外国人観光客は順調に増加し、彼らは日本の農産物に対して旺盛な購買意欲を呈した。また、技能実習などの名目で訪日する外国人労働者が日本農業の働き手になった。ところが、コロナ対策として観光客も労働者も入国が著しく制限された。これにともなう日本農業の困惑がマスコミでもさかんに取り上げられ、農業で夢物語をしにくい雰囲気になった。実際、コロナショック下で発足した菅政権からは、「農業は成長産業」というそれまでの歴代政権が好んで使ってきた決まり文句が出ないまま、二〇二一年九月に退陣している。

また、財界も、コロナショックが一種の天災であるがゆえに、農業をダシにしなくとも、政府に堂々と救済を求めることができるようになった。財界にとって農業の利用価値が激減したのだ。

ちなみに二〇〇八〜二〇一九年の間で農業のＧＤＰは年平均名目〇・一％（実質マイナス三・二％）の成長にとどまり、同時期の日本経済全体の年平均成長率の名目〇・六％（実質〇・四％）を大幅に下回る（数値は内閣府発表の「二〇一九年度国民経済計算」による）。「農業ブーム」のさなかでも農業は成長産業どころか日本経済の足かせだったことがわかる。夢と現実は違うのだ。

とはいえ、日本社会から逃避的思考が消えたわけではない。中国に対する敗北感を吹っ飛ばしてくれるような明るい話題に日本社会は飢えている。かりにコロナショックがおさまっても、日本が商工業の国際競争力で中国などの新興国を凌駕するようになるとは想定しがたい（実際、中国はいちはやく感染拡大を食い止め、欧米、日本、豪州といった先進国がコロナ禍で右往左往しているのを横目に、国際市場でシェア拡大にまい進している）。逃避願望的に虚構の「農業ブーム」が将来に再発火する可能性はじゅうぶんにある。

第3章　日本農業の歪み

1　北海道酪農の事例

前章では抽象論が多かったが、本章では具体論として北海道の酪農の俯瞰から始めよう。もともと酪農は、畜舎や畑に立脚したさまざまな作業の有機的な結合体だ。乳牛に人工授精し、搾乳をしながら仔牛を産ませる。仔牛がメスだったら乳牛として飼育して搾乳する。牧草や飼料用作物を栽培し、収穫後、適宜、発酵（サイレージ化）させたり配合したりして餌を作る。これらの作業のすべてを家族でおこなうのが伝統的な姿だった。

しかし、いまや、徹底的なアウトソーシング（すなわち、作業工程を分割して切り出して外部に委託する）が大規模化・機械化を伴いながら進んでいる。仔牛の育成は共同育成牧場に、畑の播種や収穫はコントラと呼ばれる作業受託業者に、餌つくりはＴＭＲセンターと呼ばれる共同利用設備に、それぞれに代金を支払ってゆだねている。残るは搾乳だけだが、それを外国人労働者（名目上は技能実習生だが、実質的には労働者）に頼っている。

アウトソーシングと併進して、労務管理や委託契約の便宜を図って、個々の作業の定型化（あるいはマニュアル化）がおこり、それ専用の機械が導入される。その機械は、「技術進歩」の結果、ますます高度化する。たとえば、搾乳については、最初は電動搾乳機が開発されて、人間が手で牛の乳房をもむかわりに、人間が装置を牛の乳頭にあてがうという形だったが、いまや人間の立ち合いなしで装置が自動的に牛の乳頭を探しあてるという搾乳ロボットも開発されている。そういう高度な設備ほど費用がかさむので、それに見合う収益を得ようとして飼育頭数も格段に大きくなる。千頭を超すメガファームという巨大経営も増えている。

このように、アウトソーシング化・大規模化・機械化が北海道酪農で猛烈なスピードで起きている。問題は、それが乳牛の健康悪化をもたらしていることだ。

乳牛の飼育者は、どんな母牛がどんなお産をし、畑の地質が年々どのように変化し、飼料作物がどのような作柄となり、サイレージがどのように発酵したか、など、すべてを自分自身で手がけるからこそ、総合的な観察眼ができる。アウトソーシング化でそれらをばらばらにしてしまえば、健康管理が難しくなる（センサーなどを駆使してデータ化して管理をするという工夫がされるが、それには限度がある）。そうなれば、牛の病気やけがも増える。実際、北海道の酪農では、牛の下痢、乳房炎、またさきに悩む農家が珍しくない。

乳牛の短命化

北海道酪農における健康管理の悪化を象徴しているのが、乳牛の短命化だ。乳牛は丁寧に飼育すれば生涯で少なくとも四回、上手に飼育すれば八回程度、お産ができる（懐妊しないと泌乳しない）。ところが、目下、北海道では二回のお産で廃牛（当該の牛をこれ以上飼育することを断念し、と殺にまわすこと）するのが当たり前になっている。しかも初回のお産をなるべく早くしようという傾向がある。乳牛の健康管理がおろそかになった結果、体力が強い若齢のうちに牛を使い切ってしまおうという発想になっているのだ。

しかも、初回は乳牛ではなく肉用の和牛の精子を使うことが増えている。こうして生まれた牛はF1と呼ばれ、肉用牛の肥育農家に売却される。

ここで肉用牛という言葉について解説しておこう。日本の牛は搾乳目的で飼育される乳用牛と、食肉にする目的で飼育される肉用牛に二分される（厳密にいうと、ごく限られたケースだが、耕作用の役牛や闘牛用の闘牛もある）。乳用牛は乳牛という泌乳量が多い品種のメスだ（ただし先述のとおり、これ以上の搾乳をあきらめたメスの乳牛はと殺され、病気がなければ食肉となる）。乳牛にもさまざまな品種があるが、日本で飼養されている乳牛の九九％はホルスタイン種という白と黒のまだら模様が特徴の牛だ。ホルスタイン種は欧州が起源で国際的にも乳牛としてもっとも普及している品種だ。日本では試験研究機関や育種会社でホルスタイン種の中でもとくに泌乳量が多いものを追求して独自の品種改良を続けている。

肉用牛として珍重されるのは和牛だが、これは日本で肉を取るために品種改良されたもので、黒毛和種、褐毛和種、無角和種、日本短角種の四品種しかない。精子も卵子もこの四品種でなくては和牛と名乗ることはできない。注意するべきは、和牛という名前はついているが、決して日本古来の品種ではないことだ。国内で肉食が拡大した明治維新以降に、それまで農耕用に使っていた牛（役牛）と欧州から導入した肉用牛との交配によって誕生したのが和牛だ。なお、和牛の特徴として、ホルスタイン種よりも骨格がちいさい。このことが意外な影響を酪農に与えることを後述するので記憶にとどめて欲しい。

和牛のほかにも肉用牛はあって、それがこのＦ１と乳牛のオスだ（厳密にいうと、一部の乳牛のオスは種付け用に飼育される）。ちなみに、乳牛のオスは原則として生後すぐに去勢される。その方が太りやすくなるし、攻撃性が低下して飼育しやすくなるからだ（ただし、去勢は動物福祉に反するとして、欧米の動物愛護団体から批判されている）。

Ｆ１の牛肉の食味は和牛よりも劣るが、乳牛のオスを肥育したものに比べると秀でている。和牛に限らず、国産牛肉に対する消費者の需要が増える傾向にあり、Ｆ１の仔牛の値段も上がっている。

酪農農家になぜ初回には和牛の精子を使うのかと尋ねると、たいがい、Ｆ１の仔牛の値段が高いからという答えが返ってくる。だが、それはおそらく理由の半分以下でしかない。より重要な理由は、日本の酪農農家が乳牛を上手に飼えなくなったためというのが私の見立てだ。飼い方が下手になると牛の病気や事故が多くなる。とくに初回のお産は難産になりやすく、二回目以降よりも格段に事故率が高い。難産の結果によっては廃牛を選択せざるをえないほどのダメージを乳牛に与える。先述のとおり和牛は乳牛よりも骨格がちいさいため、難産の可能性を減らすことができる。飼育の仕方を改善することでお産に関わる事故を防ぐのが本筋なのだが、いわば弥縫策としてF1に頼るのだ。酪農は慢性的な仔牛不足の状態にある。お産の数が減ったうえに初産がF1なのだから当然の帰結だ。近年、国内の生乳生産が安定せず、国産バターの品不足を招くなどの問題が発生している。その都度、生乳の流通政策の問題点ばかりが指摘されるが、乳牛の飼育方法こそが根本的問題だ。

酪農への補助金の大型化

北海道酪農のアウトソーシングと大規模化・機械化が加速度的に進む。政府もその動きを補助金投入で後押ししている。共同育成牧場やTMRセンターといった地域の共有財産に対してのみならず、畜舎やたい肥場など、個々の酪農農家の個人財産にまで、補助金が投入される。

本来、個人財産の形成に国の補助金が軽々に投入されるべきではない。当該の個人が本人の責任でないアクシデントや差別に見舞われて困窮している場合とか、社会的に意義があるが個人負担では費用がかかりすぎる場合など、よほどの理由がなければならない。しかし、農業の場合、理由づけが薄弱な場合でも、個人資産の形成のために国費が投入されることがしばしばある。この背景には、農業者の政治力もあるが、それ以上に、消費者が「自国農業を守る」という名目がつくと、国費投入に寛大になりがちなことがあげられる。つまり、自国農業に対する情緒的な賛同が消費者にある（もっとも、過保護な子供がひ弱に育ってしまうのと同じで、補助金が自国農業をひ弱にして、長期的には自国農業を衰退させかねない）。

自前でいろいろとやっていたものを、お金で他人任せや機械任せにすると、その当座は、労働の負担が減って、ラクができる。ラクをするというのは、それだけ牛や農地と触れ合う機会を失うわけで、生育異常への対処能力を徐々に低下させる。つまり、長期的にみると酪農経営を破綻に招きかねない。人間の悲しい性として、ひとたびラクをすることを覚えると、ますますラクをしたくなる。その結果、ますますアウトソーシングや機械化が進む。ラクをするためには高性能の機械が欲しくなるが、当然、値段は高くなる。高価な機械を導入すると固定費がかさむので、そのぶん、多頭飼育して収入を増やさなくてはならなくなる。しかし、多頭飼育はさらに個々の牛に目が届きにくくなり、健康悪化のリスクが高まる。

高価な機械を自前で買うのは難しいから酪農農家はますます補助金に依存するようになる。政府も、酪農への補助金をどんどん大型化させている。補助金というのは怖いもので、一度もらうともらうことが当たり前のようになってしまう。ラクをしたがる、補助金に甘えたがるというのは、現代人の悲しい性で、はずみ車のように、いったんそちらに踏み出してしまえば、どんどん進んでしまう。

日本で放牧酪農が好ましいのか？

ここで、あらためて、北海道で酪農をすることの意義を考えてみよう。そもそも酪農というと、おそらく都会人は、アルプスの少女ハイジのようなイメージを持ちがちだろう。広大な草地でのんびりと牛が自生の草を食んでいるというものだ。そういう屋外で牛に自由度を与える飼い方は、放牧と呼ばれ、酪農の発祥の地である欧州では、一般的にみられる。

しかし、日本では放牧は少数派だ。北海道でも狭い畜舎で、餌を食べるのも排便するのも搾乳されるのもつながれたままという「つなぎ飼い」が採用されている場合も少なくない。つなぎ飼いは人間がつながれた牛の間を移動しながら乳を搾るのだが、中腰の姿勢が多く、作業効率が悪い。

畜舎内という限られたスペースだが、つながないである程度自由に動けるフリーストールという飼い方も増えている（この場合は、搾乳時は搾乳場に誘導する）。ただ、フリーストールの場合、飼い方が悪いと牛が転倒やまたさきなどでけがをしやすい。

北海道で放牧がしにくいのは、乳牛がもともと欧州の動物であることに由来する。乳牛が好む種類の牧草が、日本の土壌に合わない。牧草の種を畑地にまいても、雑草に負けてしまう。除草剤で雑草を枯らすという方法もあるが、これに頼ると土壌のバランスが崩れて長期的にはむしろ逆効果になったりする。また、ダニなどの害虫が日本はわきやすい。うかつに放牧するとかえって牛にはストレスを強めたり、伝染病にかかりやすくなったりする。

一般論として、牛に自由に動ける空間を与える方がよいのは間違いない。だからと言って、やみくもに外に放てばよいというものではない。たとえば、エスキモーの子供をシンガポールに連れてきて、「子供は外で遊んでこそ、心身が鍛えられる」などと言って屋外活動を強制すれば、病気になりかねない。それと同じで、農業の場合はあくまでも主人公である作物や家畜の生理を尊重しなくてはならない。

「北海道は冷涼で乳牛に適しているのではないのか？」と疑問を持つ読者もいるだろう。しかし、動物と人間では、気候の感じ方に違いがあり、この点でも人間の思い込みは危険だ。人間と家畜の感覚の違いとして合鴨の例で説明しよう。合鴨を水田に放つ「合鴨水稲作」という農法がある。合鴨が水田の雑草を食べてくれるし、その糞は肥料として水稲の生育を助ける。除草剤や化学肥料を使わないで水稲作をする場合の有力な方法の一つである。合鴨が水田を泳ぐ様子は愛くるしく、そういう写真や映像をみたことのある読者も多いのではないか。よく誤解されるのだが、実は合鴨は水につかり続けることを好まない。水田からあがって雨水からもまぬがれられるような休憩場所を合鴨のために作っておくのもよくある方法だ。

私は合鴨水稲作を実践している全国各地の集まりに顔を出してきたが、鹿児島の合鴨水稲作のメンバーが、岡山の合鴨水稲作のメンバーに対して、「あなたがたはあったかくていいね」と話しかける場面に遭遇した。人間の感覚では、岡山よりも鹿児島の方があったかいはずだ。しかし、合鴨の感覚は違う。まだ合鴨の個体がちいさい初夏に雨にあたりすぎると、低体温症になって死亡しかねない。鹿児島は梅雨の期間が長いし雨の降り方も激しい。それに比べて岡山の気象条件は合鴨に恵まれているというわけだ。

ちなみに、北半球と南半球の違いはあるが、ニュージーランドの自然条件は乳牛の生理に合っている。これは、偶々、ニュージーランドの気候、地形、地質が欧州によく似ているからだ。しかも、欧州と比べても人口密度が低いニュージーランドでは、欧州以上に大々的に放牧がおこなわれ、乳牛は健康的に育つ。生産費も安く、ニュージーランドのフォンテラは世界最大の乳製品輸出業者だが、それも道理だ。

かくして日本では畜舎内での飼育になりがちだが、量的にも質的にもよい牧草が得られないので、餌は輸入に頼らざるをえない。しかし、牧草のようにかさばって傷みやすいものは輸入になじまない。

そこで、トウモロコシなどの穀物飼料を多く輸入し、給餌することになる。穀物は牧草よりもカロリーなどの栄養価が高いので、濃厚飼料とも呼ばれる（逆に牧草などは粗飼料と呼ばれる）。濃厚というだけあって穀物をたくさん食べさせることで乳牛の泌乳量が多くなる。だが、もともと牛はあまり穀物を食べない動物だ。このため、濃厚飼料は消化器への負担を強め、牛が不健康になりやすい。このため、近年では、濃厚飼料なしで飼育された乳牛（グラスフェッドと呼ばれる）からの生乳が安全で自然な味だとして、プレミアムがつくぐらいだ（次節で紹介する山本さんがその典型例だが、これも山本さんの優れた個人的な資質によるところが大きく、誰にでもできるものではない）。北海道をはじめとして日本で輸入穀物なしで乳牛飼育は難しい。むしろ、わざわざ費用をかけて穀物を輸入するからには、その失費をカバーしようとして乳量を上げることに関心が向かう。実際、日本の酪農では一頭当たりの搾乳量をいかに増やすかに力点が置かれがちだ。乳牛の品種改良でもその傾向が強く、乳房の発達を優先するために脚の形状がもろくなる傾向がある。欧州では種の多様性を重視してあえて古い品種を残そうとしたり、耐病性の改善にも力を入れた品種改良がおこなわれたりしているのに対し、日本の品種改良の方向性にはガラパゴス化の懸念がある。結果的に、欧州やニュージーランドをはるかに上回る一頭当たりの搾乳量を実現しているが、こういう飼い方が健全といえるのか、疑問だ。

北海道の酪農の指導員から、いまの農家の牛に対する観察眼が低下していることを示す象徴的な事例を聞いた。ある農家に「最近牛の下痢が増えているがあなたのところは大丈夫か？」と尋ねたところ、問題なしとの回答だった。後日、その指導員が当該の農家の畜舎に行ったところ、牛の足下に以前はなかったマットが敷いてあった。理由を尋ねると、「最近、床が滑りやすくなったので」とのことだった。滑りやすくなった原因は牛が下痢で床を濡らしているからなのだが、その農家は下痢に気づいていなかったのだ。

野生動物と家畜の境界線

牛に限らず、豚や鶏を含めて、日本で飼育されている家畜は、欧州で生まれた品種のものが多い（和牛というと日本固有のようなイメージがあるが、アンガスなど欧州で食肉用に飼育されている品種の血が混じっている）。当然ながら、欧州を起源とする家畜を飼うのであれば欧州の気候・地質・地形のほうが日本よりもはるかによい。たとえば乳牛（具体的にはホルスタイン種の牛）が好むような牧草を生やすには欧州の地質や気候の方がよい。欧州の死角が少ない地形も乳牛に合っている。

そもそも、家畜はもとをたどれば野生動物だ。人間に有用な形質のものを集めてきて、人間の管理下で育てるようになったのが畜産の起源だ。欧州で農業が始まろうとしていたとき、人々は身近にいる野生動物の中から牛に目をつけた。攻撃性が弱く、群れをなして動く習性があることから飼いやすいし、乳量が多くタンパク質・カルシウムの摂取に適していることから家畜化の対象に選ばれた。動物だから突然変異も含めて個体差がある。人間に不都合な個体は淘汰されていき、さらにメンデルの法則の再発見以降は科学的根拠をもった人工交配によって、現在の家畜の品種となっている。つまり、欧州の家畜は、野生動物の延長線上にあるのだ。

ところが、日本の畜産は、その真逆をやっている。在来の野生の陸上動物としてウサギ、イノシシ、タヌキ、エゾシカやクマがいる。もっと豊富なのが野生の水生動物で、内水面・沿岸で、多種多様な魚介が豊富に生息し、日本人の動物性タンパク質の供給源となっていた（残念ながら過去形でしか表記できない）。それらを追い出して欧州から連れてきた家畜を飼っているわけだから、野生動物と家畜が断絶している。

もともと、日本の食生活では、動物性タンパク質やカルシウムは、魚介からの摂取が多かった。高温の黒潮と対馬海流は栄養が豊富でプランクトンやそこから連なる食物連鎖上位の魚類の生育に適していたうえ、平地は低湿地が多くてナマズやドジョウなどが繁殖し、沿岸漁業と内水面漁業の生産性が高かったのだ。たとえばいまや牧場や農地が広がる十勝平原も、明治期以前は低湿地が広がっていた。帯広は十勝川の河口から五五キロも上流にあるが、水運に恵まれ、もともとは港町として発達した。もちろん、沼地は魚介の豊潤な資源でもあった。二〇一六年の台風一〇号にともなう大水害の後、半年近くたっても水が引かないところが十勝平野のあちらこちらでみられたが、これももともとが低湿地だったことを物語っている。

明治維新以降の入植で、十勝の広大な低湿地を干上がらせた。それによって確かに陸上交通は容易になったが、魚介の資源は壊滅的な打撃を受けた。そこにジャガイモなど外来の作物を栽培したり、外来の乳牛を飼育したりしている。しかも、牛乳は日本人の生理には合わないのではないかという説もある。牛乳でなくチーズやヨーグルトで摂取すればアジア人の生理にも合いやすくなるが、それならば、より乳牛に適した環境で搾乳されたニュージーランドから輸入した方が高品質で割安ということになる。

要するに、日本の酪農は、不健康な状態の乳牛が不自然なまでに多量の生乳を泌乳するという状況にある。しかも、それは、在来の沿岸や内水面の魚介を台無しにしたものだ。

なお、第五章第一節で再論するが、十勝にかぎらず北海道は全道的にもともと低湿地が多かった。タウ・トウ・メムといった沼や湖を表わすアイヌ語がついた地名があちこちに残っている。明治以降入植してきた日本人の手で低湿地が解消されていくがこれはよし悪しは別として自然環境破壊という見方ができる。

北海道酪農が問うもの

上述の酪農の事例は、日本農業に関して重大な二つの仮説を提示している。

第一に、アウトソーシング、機械化、大規模化というのは、決して経済性に見合わない。前章で指摘したように、農業における最大の失費の要因は生育不良の発生だ。個々の牛の生育異常のきざしをいちはやく察知し、適切な措置をするためには、牧草地の出来具合、母牛の状態、生育の様子、など、個々の牛ごとに総合的に把握する必要がある。ちょうど、人間の場合、かかりつけの医師は、患者の家族の病歴や生まれてからの健康状態など、総合的な情報を把握していればこそ、的確な診断や治療ができるのと同じことだ。もちろん、個々の牛の状態を間断なく数値化してやりとりすることで、アウトソーシング先との情報共有はできるし、そういう努力はするべきだ。しかし、作物や家畜といった動植物の生育過程においては、数値化になじまず、むしろ感性でとらえるべきものも多々ある。機械化・大型化についても同様だ。機械を効率的に動かそうとすると、えてして動植物の生理を軽視することになる。たとえば、牧草の収穫や播種の際、農業機械を動かしやすい順番や時間帯で作業をおこなおうとすれば、必ずしも牧草の収穫や播種の適期には合致しない。また、牛の数が多くなると、個々の牛に対する観察がどうしてもおろそかになりがちだ。

機械化、大規模化は、日本に適した作物のはずの水稲でも起きている。その典型がコンバイン（大型収穫機）だ。コンバインは稲刈の労働を劇的に軽減するが、弱点として倒伏した水稲はうまく刈れない。また、重い機械なので、圃場の水分が多いと運転がしにくい。そこで、収穫をなるべく早めて倒伏の可能性を避けようとしたり、圃場を早めに乾かしたりする。これは、水稲の品質を悪化させる。新潟県魚沼産コシヒカリは長年にわたって良食味米の代表のように言われてきたが、二〇一九年産米が格付けで特Aと呼ばれる最高水準から転落しており、地元では農作業をコンバインに合わせすぎたことを原因の一つとして指摘する声がある（もともと魚沼地区は湿りがちな圃場が多い）。

第二に、消費者の安全・安心という概念は単なる空想にすぎない。北海道産食品フェアは、百貨店などで大人気だ。消費者の間には北海道産と聞けば、「大自然で育まれた安全で身体によいもの」と思い込む傾向がある。とくに、福島原発事故以来、その傾向が強まっている。だが、消費者の思い込みに根拠があるのか疑わしい。上述では酪農の例をあげたが、コメや野菜などの作物でも、北海道では本州に比べても、毒性が強い農薬に頼る傾向がある。耕作面積が広いため、省力化したいからだ。さらに、気候に合わないものを大面積で作れば病害虫が発生しやすく、ますます農薬に頼りがちだ。

同じ問題が、「国産農産物は安全・安心」という消費者が一般的に抱きがちなイメージについてもあてはまる。食生活の洋風化の影響を受けて、現在の日本で栽培・飼育する作物・家畜は日本の自然条件に合わないものも多くある。この結果、生育状態が悪くなりがちで、その対処として薬剤に頼るが、それが自然環境に有害だったり、農産物に残留して食料としての安全性を低下させたりすることもある。

消費者が、イメージで農産物を評価する傾向が強いのは、食材のよし悪しを自分で判定できなくなったことの裏返しとみるべきだ。実際、消費者の利便性志向が進み、総菜や外食の利用が増えて、消費者自身が調理をしなくなった。食材自体に向き合う機会が減るにつれ、ますますイメージが暴走するのだ。

牛糞問題

北海道酪農の大型化につれ、深刻度が増すのは牛糞処理の問題だ。目下、もっとも一般的な処理方法は、牛糞を積み上げて切り返し（攪拌して空気を取り込む作業）をしながら発酵させてたい肥化し、農地（牧草地を含む）にまくというものだ。たしかに、健康な牛から排泄された糞をもとにして時間をかけて丁寧に発酵させれば、無臭で地力増強に資するような良質なたい肥ができる。しかし、いまの北海道の乳牛の多くは、濃厚飼料依存・運動不足なうえ、夏場の高温・高湿度で健康状態がよくない。たい肥の作り方も粗雑になりやすい。しかも、雪が積もる前に農地にまきたいので発酵をさせる時間が確保しにくい。かくして、悪臭がし、地力増強にもならず、それどころか表層水や地下水を汚濁して環境破壊になるという状況が珍しくない。一九九九年にたい肥場はコンクリート床で屋根つきにするように義務づけられた。これによって牛糞の置き場所の外観はよくなった。だが、真に良質のたい肥を作る農業者は地中菌も活用するのでコンクリート床はかえって使いにくい。

牛糞問題に対して、近年、期待が集まっているのがバイオ発電だ。糞尿をスラリーというタンクに集め、メタンを発生させて発電に使うのだ。さまざまなバイオ発電の取り組みがあるが、私が注目しているのは土谷特殊農機具製作所（帯広市）のシステムだ。この会社は、「Think Globally Act Locally（世界の技術を地域で実践）」をモットーにして、世界中からもっともよい技術を探して地域に適用するという姿勢を貫いている。もともとは酪農農家が使っていた集乳缶の販売の会社として始まり、全国に先駆けて自動搾乳のシステムに目をつけた。そのほか、土谷特殊農機具製作所は各種の酪農機器を取り扱うが、メインテナンスのきめの細かさにも定評がある。カーリングの競技場管理や雪を使った温度管理システムなど、土谷特殊農機具製作所は広範な分野で高度なサービスを提供する。

たい肥化に比べればバイオ発電の場合は設備費がかなりかさむ。しかし、いまのように酪農の大規模化が進めばたい肥化では処理しきれなくなる事態も想定しなければならない。土谷特殊農機具製作所のバイオ発電システムが、今後の大規模酪農における牛糞処理の標準になるかもしれない。

ちなみに、私は普段から「土谷特殊農機具製作所」のロゴ入りのボールペンを愛用している。二〇二〇年に会社訪問した際に、応接室のペン立てに無造作にさしてあったものを何本ももらって持ち帰ったものだ。土谷特殊農機具製作所が社員に自由に使わせているものだが、ずっしりと重たく、書き心地がよく、相当な高級品だ。Think Globally Act Locally のモットーと北海道の地図が印刷されている。細かいところをしっかりと詰めるという土谷特殊農機具製作所の流儀を反映しているように思い、土谷特殊農機具製作所への敬意をもって私の日々の仕事に使っている。

猿払村の酪農

猿払村と聞いてピンとくる読者は少ないかもしれない。オホーツク海に面し、北海道の北端に近く、人口が三〇〇〇人にも満たない。採炭業で潤った時期もあったが一九六一年に閉鉱となった。かつては国鉄（のちのJR）天北線が走っていて稚内市などとつながっていたが一九八九年に廃線となった。代替の路線バスが運行していたが、これも二〇二〇年に廃止となり、まさに「陸の孤島」だ。冬の猿払村は気候が厳しい。吹雪で村外との交通が遮断されることがひと冬のうちに数回起こる。そういう事態に備えるため、自家発電設備や必需品の備蓄など村民はぬかりがない。そして、あまりに交通が不便だし人口が少ないので猿払村では運送業が低調だ（このことが意外な影響を猿払村の酪農に与えていることを後述する）。

猿払村では、かつてはニシンが大量に獲れたが、沿岸漁業の乱獲という北海道で共通の悪習によって、すっかり枯渇してしまった。しかし、猿払村で幸いだったのは一九六〇年代からホタテの養殖に成功したことだ。猿払村にある巽冷凍食品は日本で流通するホタテの一〇分の一のシェアを持つといわれる。ホタテの盛況のおかげで、猿払村は日本でも屈指の裕福な地方自治体となっている。

猿払村は酪農界では「新規就農銀座」といわれるほど、新規就農者が多いことで知られる。この理由は、二つある。第一は、比較的裕福な財源をベースにして、猿払村が新規就農者への支援に熱心なことだ。村からの資金的な援助もあるし、酪農ヘルパーでしばらく酪農を経験してから就農するなど、わかりやすい新規就農パターンが定着している。第二は、五〇～六〇頭程度の比較的小規模の酪農が多く、夫婦で新規就農するにはちょうどよいことだ。この背景には、猿払村ではコントラ業者が育たなかったという事情がある。上述のように、北海道酪農の大型化の背景として、コントラ業者が発達し、酪農のアウトソーシングの受け皿になったという事情がある。北海道のコントラ業者は起源が運送業者の場合が少なくない。ところが、猿払村は交通が不便すぎてそもそも運送業が低調だったのが幸いしたのだ。

ただ、猿払村でも、酪農のコスト上昇圧力や乳牛の健康不安は着実に高まっている。今後、猿払村の新規就農のシステムが維持・発展できるかは要注目だ。

なお、私の猿払村訪問ではサージミヤワキという畜産の資材会社にお世話になった。訪問したのは二〇一九年の八月下旬で酪農農家が忙しい時期だ。私は猿払村にはまったくネットワークがなかったが、サージミヤワキのみなさんが、行政や地元の酪農関係者に連絡をつけてくださった。サージミヤワキのみなさんが普段から地元密着の活動を続けられてきたからこそ取材ができた。実のところ、二〇一八年に私が札幌でブラックアウト（胆振地震の影響で北海道が全道的に数日間停電したという災害）に見舞われたときにも、サージミヤワキのみなさんに助けていただいた。サージミヤワキは鳥獣被害対策用や家畜誘導用のフェンスや、家畜の識別システムで実績のある会社だ。社長の宮脇豊さんも後継者として修業中の宮脇健太郎さんも実に勉強熱心だ。会社の従業員のみなさんの誠実さに、つねづね敬意と感謝の次第だ。

2　山本牧場のアンチテーゼ

前節のように総じて北海道の酪農はアウトソーシング、機械化、大規模化の弊害で、牛が不健康な状態にある。しかし、その北海道にも、牛の健康を第一に考えて、少頭飼育でアウトソーシングや機械化を最小限にとどめ、しかも独自の工夫で生乳本来の風味をひきだしつつ、驚異的な高収益で安定的な経営をしている牧場がある。北海道東部の養老牛という小さな町で二〇年前に新規就農した山本照二さんの牧場だ。

私が山本牧場を訪問したのは二〇一八年の秋だ。当時、明治飼糧という餌の会社に勤めていた畠山尚史さんという友人が連れて行ってくれた。畠山さんは、個々の農家に親身につきあう。二〇一〇年の口蹄疫の発生以降、酪農農家が外来客を警戒する傾向が強まっているが、畠山さんを介すると、ほとんど見学を受け入れてもらえる。ちなみに、彼はその後、明治飼糧を退社し、ドリームヒルという十勝最大級の酪農会社の執行役員に就いた（この会社は酪農とコントラとの新たな連携形態を構築するなど、注目の会社だ）。さらに、二〇二一年一二月に独立して十牛という酪農コンサルタント会社を起ちあげている。

畠山さんと対照的に、私はどうにもこうにも不真面目で、山本牧場の下調べもしないで出かけて行った。要するに私のさぼりなのだが、少しだけ言い訳をすると、農家さんに会うときには、事前準備をしない方が先入観なく接することができてよい場合もある（ということにしておく）。山本さんも、事前の情報収集なしに訪問した私に対して、「この牧場のことを何も知らないの？」とあきれたように口をとんがらした。しかし、こういうはっきりとした態度をとる人というのは、たいがい、親切にしてくれる。案の定、山本さんは二時間近く、懇切丁寧に私に付き合ってくださり、牧場を歩き回ったり、記録を見せてくれたりした。

畜舎なしの完全放牧

山本さんは一五ヘクタールの放牧場で三八頭の放牧をしている。北海道では放牧酪農といっても夜間や冬場は畜舎に入れるのが一般的だが、山本牧場には搾乳場はあるが飼育用の畜舎はない。厳冬のロシアでも畜舎なしで放牧している事例を私はみたことがあるので、気温が低くても畜舎なしの放牧が可能という理屈はわかる。しかし、乳牛に不向きな日本にあって、三六五日間、昼夜を問わずの放牧は珍しい。冬場は雪に覆われて草は生えないので、山本さんが夏期のうちに自分の畑で収穫した牧草を干したものとサイレージ（牧草を発酵させたもの）を給餌している。前節で述べたように目下の北海道酪農は濃厚飼料への依存が強いが、山本さんは一切、濃厚飼料を使わない。

濃厚飼料を使わないと搾乳量も減るし生乳に含まれる脂肪分も減る。とくに夏場は牛が水をよく飲むため、泌乳成分も薄くなりがちで牛乳として表示できる限界値すれすれまで脂肪分が低下することもある。

山本さんは人工授精をせず、若い雄牛を放牧中の牝牛の群れの中に一頭だけ入れて、自然交配にゆだねている。人工授精で一年一産を目途に妊娠させるのが北海道の通常の酪農だが、山本牧場では一年半ぐらいで一産ぐらいのペースだ。妊娠しないと泌乳しないのでそのぶん搾乳量が低下するが、山本さんは、これが本来の牛の生理にあっているという。

山本牧場の特徴は飼育方法だけではない。搾乳後の生乳の処理にも特徴がある。通常、酪農農家は生乳をJAなどを通じて巨大な乳業工場へ出荷する。そこで殺菌のための加熱処理などを経て、消費者に販売可能な牛乳となる。現在の牛乳は圧倒的に脂肪の粒子を細かく砕き均質化（ホモゲナイズ）したうえで一三〇度の高温で数秒間殺菌するという方法をとっている。ホモゲナイズすると牛乳の品質管理がしやすくなるし、日本人（かなりの比率で牛乳を受けつけにくい体質の人がいる）が飲んで消化がしやすくなるというメリットがある半面、牛乳本来の味わいが失われる。山本さんはホモゲナイズしないし、しかも低温で時間をかけて殺菌して牛乳として出荷する。この方法だと手間はかかるが牛乳本来の味が残る。

ホモゲナイズをしていないために、牛乳を攪拌するとクリームに加工できる。牛乳瓶に入れて飲む場合でも、表面に脂肪が集まってうっすらとした膜がはるが、これもホモゲナイズなしの特徴だ。

少頭飼育で生計をなすためには、牛乳の値段を高くせざるをえない。実際、山本さんの牛乳は〇・九リットル一瓶で一五〇〇円ととびぬけて高価だ。クリームへの加工も山本さん自身が手掛けていて注文が増えている。夏場の間だけだが、山本さんの自宅近くに自家製ソフトクリームの直売所も開業している。ソフトクリームの販売が一日で一一万円に達したこともあるという。三年前からご子息も就農し、労働力が増えた分、これからは若干規模を拡げるとともに、加工品に力を入れるという。

山本さんが就農するまで

山本さんがこの経営状態に至るまでの道のりをたどることにしよう。山本さんは埼玉県出身で、大学卒業後は生協（正式名称は消費生活協同組合）で働いていた。農業の経験もなければ養老牛との地縁も血縁もなかった。趣味のオートバイで北海道内を走り回っているうちにオホーツク沿岸の広大な風景に魅せられていた。生協をやめて移住することを考えたが、このあたりの商工業での働き口はあまりない。相談に行った役所の勧めもあり、酪農で新規就農を決意した。

オホーツク海に面して根室半島と知床半島の中間に別海という町があり、そこを拠点とするＪＡ道東あさひという酪農で有名な農協がある。山本さんはＪＡ道東あさひが主導する新規就農支援プログラムで二年間、酪農の基本を学んだあと、離農した農家を引き継いで養老牛で酪農を始めた。

最初は、畜舎を使って濃厚飼料を中心に育てるという標準的な酪農のスタイルをとった。新規就農して早々に一頭当たり九五〇〇キロを搾乳しており、これは上々の成績だ。たいがいの生産者ならば、これで満足してしまうだろう。

しかし、山本さんは、そもそも乳量を追求するスタイルに疑問を持っていた。就農当初に標準的なスタイルを取り入れたのは、あくまでも研修で学んだことの確認のためだった。乳牛をもっと健康的に飼いたい、より具体的には濃厚飼料なしの完全放牧を目指していた。山本さんは理想の酪農に近づけるべく、徐々に濃厚飼料を減らしていった。二〇〇九年から濃厚飼料をゼロにし、いまの飼育スタイルの原型にたどりついた。

搾乳量を追求しないぶん、乳価が高くないと生計が成り立たない。だが、スーパーで安い牛乳が手軽に手に入る中、牛乳に高い値段を設定するのは容易でない。いまでこそ、グラスフェッド（濃厚飼料なしで育てた牛）の牛乳は自然な味わいとして消費者にも認知されてプレミアムのついた高値がつくが、当時はグラスフェッドという言葉自体が耳慣れなかった。山本さんにとって幸運だったのは、近くにある養老牛温泉が、有名俳優の間で静かに人気になっていたことだ。温泉宿で山本さんの牛乳を飲んだ有名俳優の家族が、どんなに高値でも買う価値があると口コミで広めてくれた。

もちろん、単なる幸運だけでは成功しない。山本さんの牛乳がとびぬけておいしいことに加え、山本さんが生協で勤めていたときの経験から販売促進のコツをつかんでいた。ラベルやチラシの作り方から始まって、取引先との信頼関係の築き方、行政との付き合い方、など、狭い意味での農業を超えた領域にも通じている。こういう人材はいまの日本社会では稀有だ。山本さんご自身が、自分のようなやり方は、ほかの新規就農者にはまず無理だろうという。

山本牧場の強靭さ

口蹄疫などを危惧して私のような訪問者が牛に近づくのを嫌うなど神経質になる酪農農家が多い中、山本さんはいたって図太く構える。健康的に育っているから病気には強いという確信がある。個々の牛に名前がついていて、それぞれの個性をよく把握している。

オス牛が発情していないことを遠目で確認して、私と畠山さんをオス牛のところまで招き入れてくれた。牛をまじえて記念写真を撮るなどして、なごやかな時間と空間を楽しませていただいた。

ちなみに二〇一八年は北海道が全道的に長雨などの天候不良に見舞われた年だ。穀物、野菜に加えて、牧草も総じて出来が悪かった。私が道内の各地でさまざまな作物の農業者に会ったが、異口同音に作柄の悪さを嘆く声を聞いた。ところが、山本さんの牧草は普通かややよいぐらいだったという。近接地域の酪農農家から総じて牧草の出来が悪かったと聞いていたのでびっくりして詳しく聞いてみると、山本さんの牧草の育て方にその秘密があった。普通、牧草は初夏に最初の収穫をしたあと、晩夏以降に最低でももう一回、さらに場所によってはさらにもう一回の収穫をおこなう。それぞれ、一番草、二番草、三番草と呼ばれる。番数が増えるほど牧草の品質が低下するが、あまり費用をかけずにより多くの牧草が得られることが、二番草、三番草を収穫することの利点だ。ところが、山本さんは一番草しか収穫しない。二番草以降をあきらめて、じっくりと時間をかけて一番草の品質向上に集中するのだ。つまり量よりも質というわけだが、収穫の時期の見極めが難しく「真剣勝負」と山本さんはいう。収穫を決断すればコントラにも委託して一気に刈るのだが、この際にコントラ業者が喜んで応じてくれるのも山本さんの強みだ。ほとんどの酪農農家は二番草や三番草を育てるために山本さんよりも早めに一番草を収穫しようとするが、その結果、多くの酪農農家が牧草収穫のタイミングが重なることになり、コントラ業者のキャパを超えがちだ。その点で、山本さんの牧草の収穫期はほかの酪農農家と重ならないので、コントラ業者にとっても好都合というわけだ。

もともと牧草は多年生なので冬を越せば何もしなくても生えてくるものだ。ただ、それは土壌や気候が牧草に適している欧州・北米・豪州での話で、日本では、何年か経つと、ほかの雑草に負けるなどで牧草が生えなくなる。そこで、種をまきなおすなどをして牧草地の作り直し（更新と呼ばれる）をするのが一般的だ。当然、更新には出費と時間が伴う。ところが、山本牧場ではとくに更新をしなくても牧草が生え続けるという。これも一番草に絞ったことで牧草の繁殖力を長持ちさせているのだろう。

山本牧場のたくましさは、二〇一八年九月六日未明に北海道全土を襲った大規模停電でも発揮された。現在の酪農は、搾乳も貯蔵も給餌も清掃も電気への依存が大きい。大停電で真っ先に農家を悩ませたのが搾乳だ。北海道の圧倒的多数の乳牛は、濃厚飼料を多く給餌されるので泌乳量が多いが、消化器の負担が大きかったり運動不足だったりで病気になりやすい。乳房が張りすぎるとすぐに乳房炎などの病気になる。数頭程度の少頭飼育ならば手搾りでも対応できるが、いまは多頭飼育で電動搾乳機や搾乳ロボット（当然に電動）に頼りきりだ。停電にあわてふためいた農家は少なくなかった。ところが、山本牧場では搾乳など乳牛の管理にはほとんど影響がなかった。電動搾乳機が使えなくとも手搾りでもじゅうぶんに対応できるほど少頭飼育だ。また、もともと濃厚飼料を給餌していないから乳房が張りすぎないので、かりに搾乳を怠っても乳房炎に直結するわけでもない。

3　ＪＡ道東あさひの酪農

先述のように、山本照二さんはＪＡ道東あさひが主導する新規就農支援プログラムで酪農の基本を習得している。山本牧場のある養老牛はＪＡ道東あさひの管外だ。ＪＡ道東あさひとしては研修プログラムの後はＪＡ道東あさひの管内で酪農をして欲しいところだが、そういう制約をプログラム受講者に課していない。ＪＡ道東あさひだけの利益に拘泥するのではなく、日本の酪農界全体を支えていかなくてはならないという気概がＪＡ道東あさひにある。新規就農支援プログラム以外にも、乳牛の品種改良にも関心を示すなど、全国規模の酪農問題に取り組んでいる。実際、ＪＡ道東あさひの組合員農家が生産する生乳は日本全体の約五％を占めており、ＪＡ道東あさひは日本酪農界の最大の生産者組織だ。二〇〇九年に、ＪＡべつかい、ＪＡ根室、ＪＡ上春別、ＪＡ西春別の四つのＪＡが合併して誕生した。

私自身、ＪＡ道東あさひには、ひとかたならぬご厚意をいただいている。私事を書くのは恐縮だが、財務諸表などでは表現されにくいＪＡ道東あさひの息づかいを表現するべく、下記することを許されたい。

ＪＡ浜中の石橋榮紀さん

私が最初にＪＡ道東あさひを訪問したのは二〇一四年の秋だが、これもそもそもは予定外のハプニングだった。私は北海道には一年に何度も出かける。とくに十勝地区（帯広を中心とする地域）は、私が京都大学農学部三年生のときに、大学の先輩の片岡文洋さん（本人は京都大学相撲部卒と自称している）が新規就農して始めた牧場（帯広の南に約六〇キロの大樹町）で一カ月間、住み込みのアルバイトをさせてもらってからの縁だ。

十勝には佐藤隆則さんという、不思議な実業家がいる。出版業を営む傍ら、いろいろな地域おこしのイベントを企画・運営している。片岡先輩の紹介で佐藤さんと知り合ったのは一五年前だ。それ以来、十勝を中心に北海道各地をいろいろと一緒に見学に行った。その都度、佐藤さんは私のために多大な労力と費用をかけてくださる。しかし、佐藤さんは私に対して恩着せがましいことは一切言わない。度胸と度量と地元愛にあふれる豪傑なのだ。その佐藤さんと一緒に、ＪＡ浜中の石橋榮紀組合長（当時）に会いに行ったことがある。ＪＡ浜中のある浜中町は十勝地区の東に隣接する根釧平原にあって酪農がさかんな地だ。また、故モンキー・パンチさん（ルパン三世などの作品で有名な漫画家）の郷里だ。浜中町は霧がよく発生するが、霧の草原に立つと悠久の時間の中でおのれのちっぽけさを知る。モンキー・パンチさんの原作漫画に登場する人物のアンニュイさもこの自然環境から生まれたのではないかと感じる。

ＪＡ浜中は、いち早く生乳の品質向上や酪農後継者の養成に取り組んだことで定評がある。ちなみに、日本で生産されるハーゲンダッツ・アイスクリームの原料の九九％をＪＡ浜中所属の酪農農家が供給している。そのＪＡ浜中を長年にわたってリードした猛者が石橋さんだ。佐藤さんはつねづね石橋さんに注目していた。私の旧知の藤田直聡さんという農研機構の研究員も加わって帯広に集合し、三人でＪＡ浜中に向かった。大まかなアポイントだけのいきあたりばったりの見学で、いろいろ傑作なハプニングを浜中町内でもやらかしたが、具体的なことは本書では書かないでおこう。

原井松純さんの度量

佐藤さんが石橋さんと話しているとき、石橋さんの言葉の端々にＪＡ道東あさひを組合長として率いる原井松純さんへの対抗心があることを佐藤さんはよみとり、「あの石橋が一目置く人物に会いに行こう」とアポなしで、そのままＪＡ道東あさひに直行した。

ＪＡ道東あさひは浜中からだと自動車で約二時間だ。到着したのは午後四時。佐藤さんは小柄な中肉の体軀だが風格がある。かたや私はひょろひょろで身だしなみが悪く、みるからに変人の風貌だ。藤田さんはいかにもまじめな制服姿。突然の珍客にＪＡ道東あさひの事務の方々は面食らったはずだ。運よく、原井組合長をはじめとして、主要幹部が出勤していて、この珍客に対応してくださった。佐藤さんが中心になって、ひととおり（といっても、かなりぶしつけで意地悪な）インタビューをし、主要設備を見学した。

ＪＡ道東あさひの本店ビルは整然として活気がある。一流商社のような雰囲気がある。ＪＡ道東あさひは生乳加工などの設備を自前で持っているが、機器もシステムもオーソドックスで、奇をてらわずとも勝負できるというＪＡ道東あさひの自信を感じた。

私はお礼の言葉と一緒に、『日本農業への正しい絶望法』という拙著を置いて、ＪＡ道東あさひを後にした。『日本農業への正しい絶望法』は畜産についてはほとんど触れていないのだが、表敬の気持ちだった。もっとも、タイトルをみたＪＡ道東あさひの幹部の中には、苦笑の表情の方々もおられ（それはしごくもっともだ）、表敬になるのか常識的にいうと疑わしいが。

東京に戻ると、原井さんから手紙が届いていた。私の本に対する感想がびっしりと書かれていた。さらに、地域農業の発展のために原井さんが日々、考えていることが書かれていた。私は感動し、今度はきちんとアポをとったうえで見学に行こうと決心した。原井さんにメールで頼むと、歓迎してくださり、部長の齋藤哲範さんを私の案内役につけるとの返事だった。この齋藤さんがたいへんに生真面目な方で、見学について私の目的や具体的希望をこまかく尋ねてきた。はずかしいことだが、当時の私は酪農で記事や論文を書いたことがなく、正直なところ「こまかい話になるとまずいな」と内心であせった。とりあえず、ＴＭＲセンター（乳牛の飼料を作る施設）、研修施設、新規就農者、といったありきたりのリクエストは思いつくのだが、そこから先が思いつかない。私が酪農を苦手分野としていることがばれてしまうと齋藤さんを落胆させかねない。そこで、二つ変化球を投げることにした。第一は、ＪＡ道東あさひがデイケア（通所型介護施設）を運営していることをホームページでみていたので、そこに行きたいと告げた。農業経済学者の私が介護施設というので齋藤さんは驚いていた。実は、私は地方に行くとき、よく介護施設の見学に行く。これは東日本大震災のボランティアツアーに私が出かけたとき、介護施設の職員さんがツアーの参加者として比較的多く、彼らと作業の合間に話をしているうちに、介護施設が地域の実情を観察するのに適していることに気づいたからだ。

ＪＡ道東あさひの介護施設は、旧ＪＡ西春別管内だ。当初、町役場からデイケアをＪＡで引き受けてくれないかと打診があったとき、経営的に難しくＪＡの経営を圧迫するだけだとして組合員の反対が激しかったという。しかし、当時の組合長が、酪農以外には大した産業もないこの地で、ＪＡ以外引き受けるところがないと、組合員を説得した。決して望ましいことではないかもしれないが、ＪＡが採算性度外視で地域のための事業を負うというのは往々にしてあることだ。東日本大震災でも、被災した高齢者の生活環境を整えるために本来の職務でなくてもＪＡ職員が骨をおるというケースが多々あった。

ＪＡ道東あさひのデイケアを見学し、職員の話を聞くと、利用者の体調や健康管理においても酪農に携わっていたものならではの特徴があり、利用者の若かりしときの苦労に思いをはせた。

さて、私が齋藤さんにぶつけた二つ目のリクエストは「組合員の農場で実習したい」というものだった。「私は東京のコンクリートジャングルにいて、夏は冷房、冬は暖房というあまったれた環境にいて、知ったかぶりをして農政を語るけしからん輩だ。こういう輩にはお灸を据えないといけない。私のような役立たずの人間が実習をすれば当該の農家さんにも迷惑をかけてしまうけれど、JA道東あさひでお客さんのような待遇を受けて驕った気持ちになって東京に戻っては、JA道東あさひに対しても学生に対しても不誠実になる。実習の機会を与えていただけるとうれしい」と頼んだのだ。

これに対する齋藤さんの対応はおどろくものだった。「原井組合長のところでどうぞ」というのだ。実際、原井さんは一日、休暇をとって、私の実習に付き合ってくださった。実習といっても、決してきつい労働はなく、搾乳機の構造などを解説してくださったり、農作業の合間にわざわざ休憩時間を長くとって近所の搾乳ロボットをいち早く導入した農家に連れて行ってくださったりと、ぜいたくな体験学習だ。しかも、一日の終わりにはご自宅の夕食に招いてくださった。奥様の手作りチーズが実においしく、お酒も進んだ。あれだけ忙しく、またあれだけ酪農界に力を発揮する大人物が、私のような無名の研究者にここまでしてくださるのだ。原井さんの腹の座り具合にひたすら敬服した。

4　先進国 vs. 途上国

世界の穀物需給

山本牧場のような例外はあるものの、北海道酪農がアウトソーシング化、機械化、大規模化に向か

穀物需給　　　　　　　　　　　　　　　　　　　　　　　　　　　　　（単位：百万トン）

1999～2001年平均			2010～2012年平均		
生　産	消　費	純輸出	生　産	消　費	純輸出
2,060	2,060	0	3,025	3,025	0
637	530	107	681	608	74
12	39	−26	11	36	−25
624	491	133	670	571	99
1,424	1,530	−107	2,344	2,418	−74
484	565	−81	1,133	1,194	−61
939	965	−26	1,211	1,223	−12

1998年の１人当りGNPが9,361ドル以上のOECD加盟国。中所得国は、1998年の１人当りGNPが
りGNIが760ドル以下の国）。
の数値は先進国と発展途上国の数値の総和であり、FAO統計の世界計とは合致しない。
低所得国の純輸出量はその他の国の純輸出量から逆算して求めている。

うという大勢にあることをみてきた。これは北海道酪農に限らず、先進国の農業全体で起きている。それが世界の食糧事情に深刻な影響を与えることを以下本節で論じる。

まず、表３－１によって、途上国と先進国の対比、ならびに日本と他の先進国の対比をみよう。一般に、途上国は商工業の発達が遅れていて、農林水産物や鉱産物などを先進国に輸出してその見返りに工業製品を輸入しているというイメージを持ちがちだ。ところが、現下の穀物はその真逆で先進国から途上国へと流れていることを表３－１が明確に示している。

厳密にいうと第二次世界大戦後もしばらくは、途上国から先進国へという穀物の流れだった。これが逆転したのだ。この背景には、国内農業を保護したがる先進国の政治的要因が大きい。

もともと、穀物栽培は、農業の中ではもっとも作業がマニュアル化しやすく、機械化に向いてい

表3－1　世界の

	1961～1963年平均			1979～1981年平均		
	生　産	消　費	純輸出	生　産	消　費	純輸出
世界	855	855	0	1,511	1,511	0
先進国	283	287	−3	516	476	39
日本	20	23	−3	14	36	−12
日本以外	263	264	0	502	440	51
途上国	572	569	3	996	1,034	−39
中所得国	263	258	5	418	449	−31
低所得国	309	310	−2	577	585	−8

注（1）：穀物は米、小麦、大麦、ライ麦、えんばく、とうもろこし、ソルガム、ミレットの合計。
（2）：消費は、生産量から純輸出量を引いて求めている。
（3）：国の分類は、World Bank, *World Development Indicators*, 2000に準拠した（先進国は
761～9,360ドルの国または9,361ドル以上のOECD非加盟国。低所得国は1998年の１人当
（4）：データの不備のため、先進国にも発展途上国にも計上しなかった国がある。本表の世界
（5）：計算に含まれない国の数値および原資料における輸出入データの不突合を調整するため、
（6）：集計の不突合は、四捨五入のまるめの誤差による。
出所：FAO, *FAOSTAT Database*, 2000, 2004, 2016.

る。穀物は肉体労働の負荷は少ないし、生育のパターンが比較的に安定しているので休暇などの日程を計画的に組みやすく、商工業が中心の社会で生まれ育った先進国の農業者には都合がよい。これは日本の水稲作にもあてはまる。主としてサラリーマンで生計をなしている兼業農家が、「機械さえあれば、週末農業でも水稲作ならばできるから」という動機で野菜などではなく水稲を栽培したがるというパターンがよくみられる。

先進国では農業者の政治力が強く、農業者の意向を反映して穀物生産への補助が支給されがちで、これがますます先進国での穀物生産を増やすことになる。先進国で農業者の政治力が強くなる理由は、主として三つある。第一に、農業者は長期間にわたって同じ地域で活動する傾向が強いため、政治家との関係も長くなりがちだ。政治家としてキャリアをつむためには何度も選挙に勝たなくてはならず、そのぶん農業者は重要だ。第二に、農

業は費用の中で投入資材への支出のウエイトが製造業に比べて低くなりがちで、農産物への保護の効果が農業者にとって実感しやすい（とくに穀物生産で顕著だ）。この点で、製造業は部品調達が複雑で世界各地に広がっており、特定の製品を保護してもその効果が部品を作っている他者にしみでてしまうことが多々起こる。第三に、農業にはノスタルジックなイメージがあり、国内農業を保護することへの消費者の賛同が得られやすい。

実際、豪州も含めて欧米の先進諸国では輸入障壁や補助金支給など手厚い自国農業保護がおこなわれる。これによってますます増産意欲が高じる。

ところが、先進国では消費者の穀物需要は伸びにくい。先進国では人口の増加も減速している（それどころか日本のように人口減少の場合もある）し、富裕層は主食である穀物をたくさん食べるよりも、多様な食品を楽しもうとする。

かくして先進国では慢性的に穀物過剰基調になる。穀物は温度や湿度を調整すれば貯蔵がきくが、在庫が積みあがると保管費用がかさむし、最終的に非食用に処分せざるをえなくなると大きな損失になる。このため、先進国は余剰農産物が発生すると補助金をつけて国際市場で強引に売ろうとする。つまり、ダンピングだ。

もともと米国は穀物の輸出国だったが、一九七〇年代まではＥＵは穀物の純輸入（域内の穀物消費が穀物生産を上回る状態）の状態にあった。ところが、一九八〇年代にはＥＵが穀物の純輸出（域内の穀物生産が穀物消費を上回る状態）に転じ、米国とのダンピング合戦を繰り広げた。

途上国は政治力でも経済力でも先進国に劣っており、余剰農産物を押しつけられる立場にある。厄介なことに、先進国による余剰穀物処理は途上国の政権への「食料援助」といういかにも人道的な体裁をとることもある。途上国の政権が国内で援助の穀物を売れば収入になるわけで、先進国にとって都合のよい政権への巧妙な肩入れにもなる。

一九八〇年代は途上国の累積債務問題が深刻化した時期でもある。貸し手である先進国としては、少しでも途上国から債務を回収したい。そのためには、途上国にはコーヒーや花卉などの換金性の高い作物を栽培させたい。それは途上国の農民が自給用に栽培している穀物をやめさせることにもなるので、先進国からすると余剰穀物のさばき先ができてますます好都合だ。換金性の高い作物の場合、農産物の国際流通ネットワークはもちろん、種苗や農薬・肥料などの生産資材、さらには栽培技術も先進国の企業が牛耳っている場合が多い（近年、アフリカで増えている切り花生産はその典型だ）。そうなると、先進国としてはますます「おいしい」シナリオとなる。

先進国の生産技術は優秀なのか？

このように、先進国から途上国へという穀物の流れは、政治力の歪みの反映と考えることができる。かりに政府の介入がなければ、世界の穀物生産はどうなっていただろうか？　一般に、われわれは、先進国の生産技術は途上国よりも圧倒的に優れているという先入観を持ちがちだ。それは商工業ではあてはまるかもしれないが、農業ではどうだろうか？　先進国の農業では、近代的な農業機械や資材が投入され、優れた技術のようにみえるかもしれない。しかし、先にも指摘したように、農業とは、動植物を育てることだ。太陽光という無料のエネルギーをいかに活かすかや、自然環境の変動への入念な事前準備と機敏な事後処置によって生育異常を回避することが、農業の巧拙の基準だ。この基準に照らし合わせてみると、費用をかけずに、補助金にも依存しないで穀物を栽培している途上国の方が技術としては優れているのだ。

さらに先進国の穀物生産の危険性は、技術の画一化だ。先進国では、自然科学にもとづいて優良な品種、農業機器を選択していく結果、農法が画一化する傾向がある。それは自動的に、「優良でない」とみなされた農法の放棄となる。農法は芸能やスポーツにも似て、実体験でこそ継承される部分がある。一度、放棄されると、二度と復元できない場合もある。優良かどうかの判断に間違いがないのであれば問題はないが、残念ながら自然界の奥深さの前では人智などちっぽけだ。優良と思っていた農法が予期せぬ気象変動や病害虫の繁茂に対応できないという事態が起こりうる。農法によって気象変動や病害虫への耐性は異なる。予期せぬショックに対する抵抗力を強めるためには、持ち合わせの農法が多様なほうがよい。

こういう議論は、遺伝子の分野で「種の多様性」という概念として、一般的におこなわれている。今日の乳牛の品種としてホルスタインが主流になっているが、もともと欧州では多様な品種の牛から搾乳をしてきた。近代科学の発達により優良品種が選抜されていくが、それは、地上から「優良でない」品種を淘汰することでもある。しかし、種の多様性が確保されていることが、生態系の保護や医薬品開発などのために有益なことがある。そこで、現時点では生産性が低そうに見えても、在来の品種を積極的に残そうという取り組みを、欧州の環境保護団体などがおこなっている。

途上国では、それぞれの自然環境・社会環境に適合した品種や農法が多様に存在する。これらが消失すれば世界全体の農業が不安定化する。ところが、そういう在来の品種や農法が、先進国から導入された品種や農法によって一掃されつつある。それどころか農業資材や流通チャネルをも含めて途上国の農業が先進国によって全面的に支配される傾向がある。たとえば豆やトウモロコシなどで先進国に本部を置く多国籍企業が遺伝子組み換え品種を供給し、それと同時に使うべき農薬・肥料や作業暦まで指定する。その企業は港湾の穀物倉庫など流通の結節となる施設も押さえている。農家は完全に多国籍企業の操り人形となる。遺伝子組み換え農産物の摂食が安全かどうかがさかんに議論されるが、かりに摂食して安全だとしても、遺伝子組み換え農産物の導入が農家から主体性を奪うことの有害性は明白だ。主体性のない農業では豊凶変動も大きくなる。だが、多国籍企業はソツがない。凶作時に農家が窮乏して離農することのないように買取価格を調整する。せっかくの操り人形なのだから、あせらずに長くしっかり利益をとるという考え方だ。

パラグアイの日本人居住区

私自身が、パラグアイのイグアスという日系人居住区で遺伝子組み換え品種の威力を目のあたりにした。この居住地の起源は一九三〇年代の日本からの入植だ。入植時は未開のジャングルで、木を切り倒し、抜根し、岩をとりのぞき、家を建て畑を拓いた。見知らぬ土地で何をどう育てたらよいのかもわからず、先人の苦労は想像を絶する。しかも入植者たちは少しでもよい農地を子孫に残そうと願い、地力保護的で持続可能性が高いといわれる不耕起農法という斬新な取り組みをパラグアイで最も早く導入した。

そういう勤勉な日系人社会も四世や五世の時代になったいま、すっかり変わっている。日本語がいまも日常的に使われるが、先人の苦労のおかげで多くの日系人は富裕な大地主だ。安い労働者を雇い、指示を与えるだけで、自らは農業機械の運転さえしない。昼はゴルフ、夜はカラオケといった生活をしている者もいる。そういう彼らをターゲットに、遺伝子組み換え品種とそれに適した農薬、肥料、農業機械、作業暦、出荷先をワンセットにして多国籍企業が売り込んでくる。その企業の指示をそのまま労働者に伝えるだけで農業ができるわけだから地主としてはらくちんだ。逆にいうと、遺伝子組み換え品種をどう育てればよいかは、種苗を開発した企業だけが握っているので、個々の生産者には変えようがない。農薬や肥料も遺伝子組み換え品種用のものだけが出回るようになり、遺伝子組み換え品種以外を栽培するのはますます難しくなる。多くの地主は多国籍企業の操り人形になる。

少数派ながら先人を彷彿させるような勤勉さを発揮し、自ら畑に出て農作業に携わり、非遺伝子組み換え品種を栽培する地主もいる。だが、その少数派をリードしてきた青年が、農作業中の事故で命を落とした。最初から遺伝子組み換え品種を導入して、農作業もしないでラクな暮らしをしていれば命を落とさなくてもすんだのかと思うと、彼の苦労と向上心は何だったのだろうと、なんともやるせない。

私がイグアスを訪問したのは二〇一五年八月で、ブラジルで国際農業経済学会大会が開催され、その発表の後に立ち寄った。パラグアイの首都アスンシオンに入国して一泊し、翌日バスで半日以上かけてイグアスに到着した。

私がイグアスに関心を持ったのは、南米の日系人コミュニティーに遺伝子組み換えのない豆を作ってもらい、日本に輸入するというプロジェクトを手掛ける中田智洋さん（岐阜県中津川市でモヤシャチコリの生産をしているサラダコスモの代表取締役）の活動を知ったからだ。旧知の新聞記者から、国際的視野で新たな農業像を模索している実業家として中田さんを紹介していただいたことに始まる。私が中津川市のサラダコスモ本社に中田さんを訪ね、ブラジルの学会の帰路にイグアスの事例を見学に行きたいと話したところ、なんと中田さんが同伴してくださることになった。中田さんは初対面の私がいかにも心身とも華奢で心配になり、「この人を一人で行かせてはならない」と考えたそうだ。中田さんの親分肌に敬服と感謝だ。

5　ＡＩが農業に与える影響

今日、ＡＩ（人工知能）の開発が進み、期待と不安が入り乱れている。ＡＩが産業に与える影響を考えるとき、暗黙裡に商工業が前提される場合が多く、農業が考慮の外におかれがちだった。そこで、以下にＡＩと農業の関係を論じる。

ＡＩの特徴は、すぐれた学習能力だ。膨大な情報を相互に関連づけながら推測し、実際に起きた事象を積み重ねることで、より適切な判断へと導いていく。

この機能が特定の作業に限定して導入されるのであれば、従来の技術革新と大きな違いがない。たとえば、搾乳ロボットにＡＩが導入される場合を考えよう。ＡＩは豊富な情報のストックのもとに学習能力を発揮し、乳房への力の入れ方の調整などをして、搾乳効率を上げるだろう。こういうシナリオは単なる性能の向上だから、従前のパターンの延長線上に過ぎない。

他の産業の場合と同様に、やがて農業でも高度な経営判断がＡＩに託されるようになるだろう。そのとき、ＡＩは農業を革命的に変えるというのが私の見立てだ。従来、日本農業で進んできたアウトソーシング化をＡＩが否定する可能性があるからだ。本章第一節の考察にあるようにアウトソーシング化は農業の収益性を低める可能性が高い。生身の人間の場合、学校教育など産業化社会の装置の中で、商工業的な行動原理が刷り込まれてしまい、収益性が低いのにアウトソーシングに向かう。しかし、ＡＩが収益性最優先で動けば、アウトソーシングを否定する方向に向かうだろう。

アウトソーシングの是非は、収益性の問題だけではない。農業ならではの愉悦を味わえるかどうかにも関連する。繰り返し指摘するように、農業は圃場や畜舎という制御困難な環境で、太陽光という不安定なエネルギーを使う生産活動だ。不確実性がつねにつきまとい、生育不良といつも隣り合わせだ。だが、そういう不確実性があるからこそ、それを克服して収穫にいたるときに、農業ならではの愉悦がある。それは、アウトソーシングに徹するのではなく、作物のためにありとあらゆる作業にたずさわってこそ得られる感激だ。これは、さまざまな危険と隣り合わせになりながらも子供の育ちを見守る喜びとも通底する。

スポーツであれ、芸能であれ、目先はつらいだけのように思える修練を積んでこそ、大きな愉悦にたどり着けるのだ。それを目先のラクさを求めて修練をやめてしまうのは、もったいないことだ。しかし、農業ではそれが起きてきた。収益も愉悦も犠牲にして農業がアウトソーシングに向かうのは、目先の作業でラクができるという誘惑だ。

そういう浅はかさにつけこんでお金儲けをするというのが今日の資本主義の原理かもしれない。あるいはそういう浅はかさにつけこんで、農業用の機械や設備の投資に補助金を出して農業者から票を集めようとするのが今日の民主主義の原理かもしれない。

だが、ＡＩが一時的な怠惰に流されることはないし、政治運動もしない。ということは、アウトソーシングを否定し、農業を本来の姿にひき戻すということはじゅうぶんに起こりうる。

だが、ＡＩによってアウトソーシングが否定された場合でも、決して元に戻らないものもある。農業経営をＡＩが担う以上、不確実性の中で家畜や作物を育てるという愉悦はもはや人類ではなくＡＩのものとなる。つまり、生産のみならず、愉悦さえもＡＩに手渡すことになる。それは、産業革命以降、人類は近代化し、発展してきたと信じ込んでいる現代人に対する、強烈な皮肉となる。

第4章　農地をめぐる政治経済学

1　農地問題の特徴

山がちな地形と豊富な降水量

農業は土地に強く依存する点で、特徴的な生産活動だ。日本農業の問題やあるべき姿を考えるときには、以下に述べる日本の土地条件の特徴を頭に入れておくことが肝要だ。

多雨と山がちな地形が日本の特徴だ。たとえば、日本の年間降水量は一七二八ミリに対し、欧州きっての農業国であるフランスの年間降水量は七五〇ミリだ。日本の国土のうち平地（可住地）は三三％に過ぎず、米国（七〇％）、英国（九〇％）、フランス（七三％）、ドイツ（六九％）、イタリア（七七％）、をはるかに下回る。

この限られた日本の平地のゆるやかな傾斜を使って水田が作られる。上の田圃から下の田圃へと、順々に水を送る。この流水が、上流部から養分を運んできてくれるとともに、老廃物を洗い流していく。

この流水のメカニズムは、連作障害と呼ばれる農業の大敵への対策として実に有効だ。ここで連作障害について説明しておこう。植物は地中から養分を吸収し、また成長にともなって植物の体内に発生する老廃物を地中に吐き出す。このため、同じ土地に同じ植物ばかりを育てようとすると、土壌の成分がバランスを失い、植物が病気になったり害虫がわいたりしやすくなる。輪作（栽培する作物を年ごとに変えること）をしたり、農薬を投入したりすることで連作障害を抑える努力が、欧米における耕種農業の歴史だ。これに対し、日本の水稲作では、流水のメカニズムによって連作障害なく同じ圃場で水稲を作り続けることができる。

長期をかけての土作りの重要性

どれだけ農地の状態が作物の生育に適しているかを「地力」という。地力の構成要素は生物的特性（ミミズや細菌などがどのくらいいるかなど）、物理的特性（空隙がどれくらいあるかなど）、化学的特性（元素の構成やペーハーなど）からなる。栽培する作物によって求められる特性は異なる。作物にあわせて地力を整える作業を「土作り」という。たい肥の投入や、輪作（栽培する作物を年によって変えること）が土作りの基本だ。長い年月をかけて土作りをしてこそよい作物が育つ。

なお、たい肥と肥料がしばしば混同されるのでその違いを明記しておく。肥料というのは作物が育っていく過程での栄養分の補給を目的に投入されるもので、地力に影響を与えることはあるが（よくも悪くも）、それは副次的効果でしかない。それに対して、たい肥は明確に地力増強を目指すもので、微生物の発酵によって窒素を安定化させたものだ。材料となるのは畜糞、落葉、木くず、わら、などだ（ただし、今日の日本では家畜の飼育の仕方が健全でなく、糞尿に重金属や除草剤などの不適切な成分が混じっている懸念があるとして畜糞を使わずにたい肥を作るという農業者もいる）。また、たい肥作りのために有用菌を人為的に添加する場合もある。

たい肥作りは有酸素発酵が原則で、適宜水分を与えたり、切り返しをおこないながら、短くとも数カ月、長くは数年かけて完成する。たい肥の作り方やすき込み方には農業者の科学知識や経験が反映されやすく、農業者の腕前をみるバロメーターともいえる。

集落機能

教科書的な経済学のモデルでは、個々人は独立して意思決定をする。稚拙な生産者は競争に負け、優秀な生産者は競争に勝つ。そういう優勝劣敗がもしも働くならば、稚拙な農業者のことなぞ放っておいて、優秀な農業者が勝ち残るのを待てば農業の構造改善になる。

ところが、日本農業ではそうはいかない。どんなに腕のよい農業者でも、近くにおかしな農地利用や農業用水利用をする者がいれば、ともだおれになりかねないからだ。

限られた平地で農業用水を共有することから、ひとつの圃場で水管理をおこたれば、集落全体で用水の過不足が起きかねない。隣接の農地で害虫や雑草が繁茂すれば、それらが侵入してくることもある。糯米を作る圃場とうるち米を作る圃場はなるべく離しておかないとキセニア（糯米の花粉がうるち米に付着して形質が変わってしまう）がおこる。豚舎と鶏舎が近接すると伝染病の変異が起きやすくなる。

このように、めいめいの勝手気ままを許さないような仕組みが不可欠で、経済学の教科書が描くようなレッセフェール（自由放任）は容認されない。

日本の伝統集落では、すべての農家がいわば家族のように結束することで、この問題に対処してきた。顔役とか長老といわれるまとめ役を中心にして、めいめいの勝手気ままを抑制し、集落全体の利益を優先させる仕組みを作った。これが集落機能だ。

集落機能は歴史の中でもまれながら地域ごとに形成されたものであり、いわば伝統文化だ。しかし、これからの日本で集落機能に依存し続けるのは次の二つの意味で無理がある。第一は、そもそもは営農目的で形成されたはずの集落機能が、公益に反する目的で使われることが多々あることだ。たとえば農業補助事業の引っ張り込みや、本章第三節で詳述する「農地の錬金術」などだ。第二は、農村部で著しく高齢化や人口減少が進み、また日本社会に確実に個人主義が進展しており（それ自体は決して悪いことではない）、集落機能がそのものが消失に向かっている。

環境保護機能

農地は作物の栽培に使われるのはもちろんだが、さまざまな環境保護機能がある。とくに水田は、いわば壮大な遊水池の効果があり、大雨や渇水による河川水量の変動を緩和する効果がある。そのほか、野生動物（とくに昆虫）の生息地やヒートアイランド現象などの都市型異常気象への防壁としての効果もある。近年、農地を転用して太陽光発電用パネルを設置する事例があるが、しばしば、土地が保水力を失い、近接する河川水の氾濫や汚濁を招いており、期せずして農地の環境保全効果を物語っている。このように、単純に農業の収益性のみでは農地の社会的価値を測ることができず、農地を保護するための規制や補助金が必要とされる。もっとも、農地の環境保護機能を数値化するのは難しく、どの程度の規制や補助金が好ましいのかは、判断が難しい。

ただし、農地が環境に悪影響を与える場合もある。たとえば、畜産農家が適切な処理がされないまま牛糞を農地にまいて、地下水を汚濁している場合がある。農地に散布した農薬や肥料が河川に流入し、河川の生態系を壊す場合もある。神経系に作用する農薬の飛沫がミツバチなどの昆虫を大量に殺生していると批判されている（さらには人体への悪影響を危惧する意見もある）。水田がメタンの発生源となり、地球温暖化の加速要因になっているという指摘もある。このように、農地だからといって無条件に環境にやさしいというわけではないことも肝に銘じるべきだ。

農的 vs. 都市的

日本の地形が山がちなため、限られた平地は農業目的に限らず、商工業施設や住宅などの建設の目的でも使われる。農業目的と非農業目的の間で土地をどう配分するべきだろうか？　これは個々人の主観も入るので一概にはいえない。ただし、確実にいえるのは、個々の農地利用をばらばらに考えるのではなく、全体としての計画性が大切なことだ。たとえば、営農を続けたいと思っている農家、離農して農地を宅地に転用したいと思っている農家が隣接している場合を考えよう。両者がばらばらに意思決定すれば、農地と宅地が入り乱れることになる。これでは、宅地からの生活光が作物の生育を乱すし、宅地で暮らす人も周辺の農地からの農薬飛散に悩むことになるしで、双方に不利益になる。

全体として土地利用に計画性が求められるという一般論は誰もが是認するだろう。しかし、具体的にどこを農地にしてどこを非農地にするのかは個人によって意見の差が大きい。また、計画の変更をどうするかも難問だ。社会は不断に変化し続けるから土地利用をめぐる諸条件が変わる（ときには天災のように全くの想定外に）ことはありうるので、未来永劫にわたって計画を見直さないというのは不合理だ。かといって、頻繁に見直したのでは計画の名に値しない。やむをえない事態が発生した場合に限って計画を見直すという考え方も一般論としては成り立つが、何をもってやむをえない事態とみなすかは、各人各様で判断が分かれる。

2　ずさんな農地情報管理

上述のように、ただでさえ土地の計画的利用は「言うに易し行うに難し」なのだが、日本の農地問題をさらにこじらせるのが、農地に関する情報が行政で一元化されておらず、しかも、現実との照合がされていないことだ。農業保険のために使う共済台帳、主食用米作付の抑制状況（飼料用・加工用米などへの転換を含む）の把握のために使う水田台帳、固定資産税の徴収に使う課税台帳など、さまざまな台帳が作られているが、いずれも、いわゆる縦割り行政のもとで、ばらばらに作成されている。

さまざまな台帳のうち、農地法の運用に使われるのが農地基本台帳で、農地の所有者や利用者など農地の現状が記録されている。読んで字のごとく、農地行政の基本になる台帳で、農地の戸籍ともいわれる。しかし、この農地基本台帳の記録は、いたって不正確だ。

後述のように、もともと二〇一三年の農地法改訂までは農地基本台帳には法的根拠がなく、地方自治体に作成の義務がなかった（強制力のない行政指導として農地基本台帳の作成が推奨されていた）。このような経緯もあって、実態は非農地化していても農地として記録されていたり、所有者や耕作者が実態とは異なったりしている場合が多々ある。たいがいの市町村で、農地基本台帳の農地の面積を総和すると、農業センサスのデータと比べて三割から五割ぐらい多くなっている。つまり、農地が非農地化しても農地基本台帳にそれが反映されていない場合が頻発していることを意味しており、いかに記載情報が不正確かを物語っている。

野球場が農地？

毎日新聞が二〇〇八年九月から二〇〇九年三月にかけて、「農地漂流」という企画記事を組み、その中で農地基本台帳の杜撰さを克明に描写している。たとえば、埼玉県所沢市では、どうみても野球場にしか見えない場所が、農地基本台帳上は農地として記録されていた。

この背後には、非農家が農地を実質的に手に入れるときに使う仮登記という特殊な商取引がある。本来、農地法は営農の意欲と能力がない者が農地を取得することを禁じている。ただし、農地法第四条ないし第五条によって農地の農外転用が許可されれば、営農の意欲と能力を問われることなく農地を取得できる。そこで、農外転用の許可が出たら速やかに所有権を移すという契約をむすぶのだ。この契約を正式に文書化したものが仮登記だ。大型の住宅開発を手掛けるときに、宅地化予定の土地を確保する目的で仮登記をするというのは、よくあるパターンだ。仮登記と同時に金銭の授受もおこなわれることが多く、農地所有者は農地を売った気持ちになって、耕作もしなくなる。だが、仮登記した後、当初予定していた住宅開発計画がとん挫することがある。そうなると、転用許可は当然に出ないが、農地所有者はいまさら耕作する気にもならず、耕作放棄ということになりがちだ。上述の所沢市の事例がまさにそうで、すっかり雑草だらけの空き地になっていたところを、近所の人たちが整地して野球場にしたものだ。ところが、毎日新聞の記者の取材に対し、所沢市の担当者は「耕運機をかければすぐにでも農地に戻すことができる」としてこの「野球場」は農地という認識を表明している。あまりにも強引な解釈のように聞こえるが、その背後には、この問題に立ち入りたくないという行政の本音がうかがえる。かりにこの「野球場」を非農地と認めれば、過去にさかのぼって税金の徴収をしなくてはならない（農地の固定資産税や相続税は極端に安い）。しかし、農地基本台帳上の所有者がすでに物故しているというのはよくあることで、その相続人探しから始めなくてはならない。探しあてたとしても納税を説得するのにも手間がかかる。日本では土地問題は複雑になりがちで反社会的団体がからむこともある。しかも、所沢市内で似たようなケースも多々あるだろうから、この「野球場」だけの話ではすまなくなる。行政としてはなるべくこの類の問題にはかかわりあいたくないのだ。本書ではこの程度でとどめるが、関心のある読者は「農地漂流」の企画記事や、拙著『さよならニッポン農業』（NHK出版、二〇一〇年）で具体例をより多く紹介しているので参照されたい。

なお、農地法は営農の意欲と能力がない者に農地の取得を認めてないのだが、この農地法の規定は相続による所有権の移転には適用されない。このため、親元を離れて遠隔地で暮らしている場合でも、親から農地を相続できる。ところが農地に関する情報が系統だって管理されていないため、相続の情報が農地基本台帳に反映されない（つまり二代も三代も前の名前が農地基本台帳に記載されたまま）ということもしばしばおこる。

農地行政の「事なかれ主義」

農地基本台帳の不正確さの背景には、農地所有者の意向を過度に尊重するという農地行政のバイアスがある。そもそも農地利用では、何をもって耕作状態とみなすかが難しい。例えば、連作障害（畑で同じ作物を毎年栽培した結果、地力が衰えて作物が育たなくなる状況）に陥ってその事後対策としてしばらく作付けを見送って地力が回復するのを待つのは耕作放棄とはいえない。高原野菜のように価格変動が激しいものでは、何年かに一度の高騰を狙って作付けをし、安値になりそうだったら施肥も収穫もやめてしまうがこれも耕作の一形態だ。こういう耕作状態の多様性を農地所有者が悪用する場合がある。たとえば、見かけ上は荒れ地で雑草だらけでも、ごく一部に作物が生えている場合に、農地所有者が「自然農法だ」と主張するかもしれない。農地を実質的なヘドロの廃棄場にしていながら、土壌改良のための有機成分の補充だと主張するかもしれない。上述の川越市のケースのように、実質的には農外転用されていても、耕運機をかければいつでも耕作できるので農地だという主張をするかもしれない。はた目には無茶な主張でも、それを法的に覆そうとすると泥沼のもめごとに巻き込まれることもおこりうる。行政や研究者は、たいがいの場合、臆病で、面倒なことにはかかわりたくない。つまり、「事なかれ主義」で所有者の意向に逆らわないのだ。

その典型的な事例が、二〇一〇年二月に発覚した民主党参議院議員（当時）の輿石東氏による農地の違反転用事件だ。輿石氏が暮らす神奈川県相模原市の住宅地の一部が、農地基本台帳上は農地となっていて、固定資産税等も農地として減免されていると思われるという報道で、全国紙で取り上げられた。これに対し、輿石氏は、農地に戻す意思を示したものの、いつまでに農地に戻すかは明言しなかった。その後、この事件はうやむやになっている。

3　戦後農業政策の変遷

以上の考察を踏まえて、本節では戦後の農業政策を振り返る。その際、農業ばかりではなく、日本経済全体の視点を持つことが大切だ。第二章第一節で指摘したように、農業の動向は商工業によって決まるということが多々あるからだ。

なお、以下で「農林水産省」と表記するとき、「農林省」の名称だった一九七八年以前を含む。農協（正確には農業協同組合）は一九九一年以降はＪＡの呼称を使っているが、以下本章では農協に表記を統一する。

政策目標としての自立経営農家

敗戦にともない、日本は米国を中心とする連合国軍総司令部による統治下になった。この時代を特徴づける最大の政策は農地改革だ。農地改革とは、小作農（地主から農地を借りて耕作している農民）に農地の所有権を与えて自作農（自ら所有する農地を耕作している農民）に転換する施策だ。より厳密にい

う と、農地の所有権を地主から日本政府が買い取って、小作農に売り渡すという政策だ。この際、農地の売買価格が非常に低く設定されたため、もとの小作人は一躍して経済的地位が改善するとともに、地主は大損失を被った。一九四七年から四年をかけて、日本の小作地（小作農が耕作している農地）の八〇％が地主から小作農へと所有権が移った。さらに、自作農として所有できる面積にも上限を課した。こうして、農村社会が一気に平等化した。

地域密着で農地行政の運用を担うための特別な組織が一九五一年に設立された。市町村ごとに設置される農業委員会だ。後述のように二〇一六年に大幅な制度改訂があるのだが、それまで、在住農家の互選で選ばれる四〇名以下の選挙委員と、若干名の市町村長によって任命される選任委員からなっていた（選挙委員については公職選挙法が適用された）。農地利用に関する最終権限は市町村長、都道府県知事、農林水産大臣であっても、具体的な審査や意見の表明において農業委員会の役割は大きい（ただし、後述のように、近年、農業委員会の位置づけは急速に変わっている）。

一九五〇年代は、政治的にも経済的にも、日本が力強く復興の途に入った時期だ。朝鮮戦争による特需景気がきっかけとなって、重工業がけん引役となって日本経済は急速に成長をした。農村部の暮らしも向上するのだが、そのスピードは都市部より遅く、この時期は日本全体の経済成長が農工間格差の拡大と表裏一体だった。その一方、戦時中および終戦直後の食糧難は徐々に解消に向かい、とくに一九五五年の大豊作以降は食糧不足が国民的関心事にはならなくなるほど食糧事情は好転した。

「農政の憲法」との鳴り物入りで農業基本法が制定されたのはそんな時期だ（一九六一年制定）。この法律は、農業従事者と他産業の従事者との生活水準の不均衡が農業における基本問題だと宣言した。

表4－1　農業関係国家財政の変容

（単位：％）

年	農産物価格支持関係経費／農業関係予算総額	農業農村整備関係経費／農業関係予算総額
1960	23	28
1965	37	26
1970	44	20
1975	43	20
1980	25	28
1985	21	31
1990	12	39
1995	8	50
1999	12	47
		公共事業／農林水産関係予算総額
2000		51
2004		45
2008		42
2011		23

注 (1)：2000年以降は、予算体系の見直し等があり、農業予算を同様に分類することができない。
(2)：農産物価格支持関係経費は『農業白書附属統計表』の「農産物の価格の安定」の経費区分である。
(3)：農業農村整備関係経費は『農業白書附属統計表』の「農業農村整備」の経費区分であり、その多くが公共事業に使われる。
出所：農林水産省『農業白書附属統計表』、『食料・農業・農村白書参考統計表』。

さらに、農業所得だけで都市勤労者と同じような生活ができる農家を「自立経営農家」と表現し、その育成を農業政策の目標として掲げた。そのために、農業機械の導入によって農家の営農規模を飛躍的に拡大するシナリオを農林水産省は描いた。

たしかに、一九六〇年代以降農業機械がみるみる普及していった。しかし、営農規模拡大は遅々として進まなかった。田植えや防除や稲刈りなどを機械でこなすことで空いた時間で農家は兼業（農業の傍らで農業以外の仕事をすること）に出るようになった。農外の勤務に支障が出ない週末のみ農業をするというパターンが増え、「土日百姓」という言葉も生まれた。

農業基本法制定を契機として農林水産省は農産物価格を高めに誘導するための財政出動を積極化した（表4-1）。とくにコメの価格支持は強力だった。当時、農家が作ったコメは農協を通じて集められて全量を食糧庁（農林水産省の外局）が買い上げ、卸売業者に売り渡すのを原則としていた。小売にいたるまでコメの流通ルートは詳細に食糧庁によって統制されていた（ただし、それは法律のタテマエで、実態としては法律の規定以外のルートでのコメ流通が多々あり、「ヤミ米」と呼ばれた）。このコメの流通の仕組みは食糧管理制度と呼ばれた。食糧管理制度において、政府の買い上げの価格（生産者米価と呼ばれた）が農家所得に直結する。一九六〇年代は生産者米価が積極的に引き上げられ、売り渡しの価格（消費者米価と呼ばれた）さえ上回るという「逆ザヤ」の状態になった。つまり、食糧庁がコメを買い上げて売るたびごとに、財政での補塡が必要になった。こうした買取価格と売り渡し価格の逆ザヤ（「売買逆ザヤ」と呼ばれた）に加え、コメを倉庫に保管・貯蔵するための費用も食糧庁が負担するため、実質的な逆ザヤ（「コスト逆ザヤ」と呼ばれた）は膨大となり、食糧管理特別会計（コメ流通を管理するための国の特別会計）は大赤字となった。しかも、高い生産者米価によって農家のコメ生産が刺激される一方、食生活の変化などによってコメの需要は一九六三年をピークに減少に向かったため、一九六〇年代後半はコメの過剰在庫が積み上がった。一九七〇年代初頭には、食糧管理特別会計の赤字が健康保険、国鉄とともに国庫を傷める3K赤字（コメ、ケンポ、コクテツのローマ字表記がいずれもKで始まるため）として、国会での最大の論点になった。コメ以外の作物でも過剰基調が目立つようになり、価格支持政策に頼ることには限界がきた。

「農地の錬金術」のカラクリ

一九七〇年ごろから農家への保護のあり方は、大きく変化した。従前の農産物価格支持に代えて、公共事業などによる農地の資産価値の引き上げへと重点が移っていくのだ。

戦後の農地政策の根幹は一九五二年制定の農地法だ。第四、五条などで転用規制の規定が設けられている。すなわち、転用事案が提出されるごとに都道府県知事または農林水産大臣が適否を審査するというものだ。この方式では、転用されるべき農地かどうかが申請するまでわからず、規制としてわかりにくいという欠陥があった。このような背景から、一九六九年に新たな農地転用規制として、農業振興地域の整備に関する法律（以下、農振法と略す）が制定された。これは市町村が農用地区域を指定し、農用地区域の農地は農外転用が禁止され、その代わりに税制上の優遇を受けたり、農業補助金の支給が優先されたりする。農用地区域に指定されなかった農地については、先述の農地法によって転用の適否が審査される。農地法の転用規制とは異なり、農振法による規制はゾーン規制であることに特徴がある。また、どこが農用地区域に指定されているかが常時わかるので、その点では農地法による転用規制よりもわかりやすいといえる。

ただし、農地法と同様に農振法も運用において不透明性がつきまとっており、農地保全の効果は疑問だ。農林水産省はガイドラインで、農用地区域のゾーニングは向こう一〇年をみこして設定し、五年間は固定するべきとしている。しかし、このガイドラインに法的拘束力はなく、実態としては多くの市町村において地権者の要請によって一年間に何度も見直すのが常態化している。

地権者である農家にとって農用地区域に指定されることで、固定資産税や相続税が劇的に軽課となる。また、農用地区域に指定されると各種の農業補助金が受けやすくなるし、基盤整備といわれる農地の整形および道路とのアクセスの改善のための投資も受けられるようになる。この投資は、農林水産省の公共事業としておこなわれ、農家の負担は極端に少ない（通常五％程度）。農林水産省は、この基盤整備は農業機械の運転を容易にし、農産物の出荷が迅速になることで、農業生産の効率性を高めると説明する。しかし、往々にして、それ以上に、農地を住宅地などに転用する場合の価値を高める。区画が整っていて道路へのアクセスがよいということは宅地化の候補地として格好だからだ。

このような状況下で、農家にとって「もっとも好ましいシナリオ」は、転用事案が具体化するまでは農用地区域に指定してもらって優遇税制や基盤整備を受けるなどの恩典に浴し、転用事案が具体化したらただちに農用地区域から除外してもらうことだ。転用は莫大な収入を生む。転用で買い取られる農地の価格は収益還元価格（営農目的での農地の利用価値）の数十倍から一〇〇倍近くになることもある。表４-２にみるように、ピークの一九九〇年代初頭では、全国では農業生産額の一・四倍相当、三大都市圏を除外しても、農業生産額の〇・六倍相当の農地転用収入が発生している。先述のように農地の所有権の多くは終戦直後の農地改革によってタダ同然の価格で手にしたものだ。その農地を転用して「濡れ手で粟」でお金を得られるのだからこれぐらい「おいしい」話はない。いわば「農地の錬金術」だ。

表4－2　農地転用収入と農作物生産額の推移

年平均	農地転用収入 （単位：10億円）	農作物生産額 （単位：10億円）	農地転用収入/農作物生産額 （単位：％）
全府県			
1975-1979	2,986	6,273	48
1980-1984	4,420	6,712	66
1985-1989	6,347	6,912	92
1990-1994	10,026	7,284	138
1995-1999	6,835	6,652	103
2000-2004	4,683	5,761	81
2005-2008	3,806	5,288	72
三大都市圏以外の県			
1975-1979	1,490	5,252	28
1980-1984	1,961	5,597	35
1985-1989	2,520	5,779	44
1990-1994	3,668	6,022	61
1995-1999	3,133	5,454	57
2000-2004	2,253	4,696	48
2005-2008	1,800	4,383	41

注（1）：全府県の数値は、沖縄を除く44府県を集計して求めている。三大都市圏以外の県の数値は44府県から埼玉、千葉、神奈川、愛知、京都、大阪、兵庫、奈良を除いた36県を集計して求めている。

（2）：農業総産出額のうち耕種を農作物生産額とみなしている。

（3）：農家住宅、農業建物、耕境の後退、などによる転用は除外されている。

（4）：違反転用や耕作放棄して非農地化したあとの転用は、資料の制約のため、含まれない。近年、これらの転用が増えていると思われるので、近年ほど転用収入は過小評価になる。

（5）：推計方法の詳細は、神門「農地流動化、農地転用に関する統計的把握」『農業経営研究』第34巻第1号、1996年を参照。

出所：農林水産省『農地の移動と転用』、『生産農業所得統計』、全国農業会議所『田畑売買価格等に関する調査』。

一九七〇年にはすでに第二種兼業農家（農外所得のほうが農業所得よりも多い農家）が過半を占めている（農業センサスより）ことでもわかるように、農家といっても農業から得られる収入は限られている場合が少なくない。そういう場合、農業の収益性よりも農地の資産価値の方が関心事となる。

選挙で農家票が欲しい政治家（とくに自民党の）は「もっとも好ましいシナリオ」を実現するために、転用事案の誘導や、農用地区域の設定・変更で自分の力量を発揮する。雇用と予算配分を増やしたい農林水産省にとっても、「もっとも好ましいシナリオ」は好都合だ。かくして「農地の錬金術」を介して農家、政治家、農林水産省のもたれあい構造ができあがる。このもたれあいのつなぎ役を果たすのが農協だ。以下に、農協の仕組みを俯瞰する。

4 農協の役割

日本の農協は、世界的にも類をみない独特の組織であり、具体的には下記の二つの特徴がある。

第一は、行政組織を模したピラミッド型の全国組織構造をもっていることだ。ほぼすべての農家が地元の農協（単位農協と呼ばれる）に組合員として加入し、都道府県ごとに単位農協を構成員として中央会があり、さらに都道府県段階の中央会を構成員として、全国農業協同組合中央会（JA全中）がある（ただし、後述のようにJA全中は二〇一五年の農協法改訂により農協法上の根拠を失い、一般社団法人に移行して今日にいたっている）。これは、市町村－都道府県－国、という行政の三層構造と共通している（なお、近年は単位農協が県ごとにひとつに合併するなどして、市町村段階と全国段階の二層構造へ転換する方向にある）。通常、世帯単位で組合員を情報管理しているのも行政と農協の類似点だ。

第二は、きわめて広範な事業活動をしていることだ。農産物の共同出荷や農業資材の共同購入はもちろん、医療・介護サービス、スーパー、給油所、旅行代理業、冠婚葬祭、など、農業に関連しない分野の活動が多い。ただし、諸活動の中で収益源となっているのはもっぱら銀行・保険事業（農協では、信用・共済事業と呼ばれる）で、他の事業（農業に関連するかしないかを問わず）は赤字というのが一般的だ。しかも、銀行・保険事業といっても、営農資金の貸し付けや農業用建物の保険もあるにはあるが、その比率は少なく、もっぱら通常の貯金集め、住宅ローン、マイカーローン、住宅火災保険販売、生命保険販売だ。戦後長らく、日本の金融政策は、いわゆる「護送船団方式」と揶揄されるほどの手厚い政策的保護があったが、なかでも農協には優遇措置が多かった（店舗規制が緩かったり、預貯金の低金利規制下で農協には実質的により高い金利設定ができたりしたなど）。なお、消費生活協同組合（いわゆる生協）や事業協同組合（おもに商工業を営む中小企業の協同組合）には銀行・保険事業は認められておらず、この点でも農協は特別扱いだ。

農協は、あくまでも経済団体であって行政機関ではない。しかし、上述のような農協の特性ゆえに、あたかも行政機関のような機能も果たしてきた。コメの生産調整の実施や各種の農林水産省の補助事業の受け皿作りなど、農協と農林水産省の連携なしには運営ができない政策が多々あった（かつてほどではないが、いまもそういう政策が残っている）。営農関連であれ、政治関連であれ、農業者相互の監視・扶助を図る実質的な利害調整団体の役割を農協が果たしてきた。さらには、政治運動（農産物輸入自由化反対など）や選挙のときには農家を束ねるという政治組織としても機能した。とくに自民党にとって、長らく農協はもっとも有力な選挙基盤として機能した。

5　一九九〇年代における農政の転換

上述の、農協がキープレイヤーとなって農家（とくに小規模農家）、政治家（とくに自民党）、農林水産省がもたれあうという構造が一九九〇年代に入って崩壊し始める。主な要因が二つある。

第一は金融自由化だ。「護送船団方式」を見直し、規制緩和をする動きは一九七〇年代からじわじわと進められてきたが、一九九〇年代に入って小口金融も自由化されるなど一気に加速し、一九九六年の「金融ビックバン」と称される一連の金融規制撤廃による金融業の競争促進策に到達した。「護送船団方式」での保護が農協に対してはとくに厚かったぶん、規制撤廃が農協に与えた影響は大きかった。たとえば、一九九〇年代には「損失補塡事件」、「住専問題」といった農協の銀行・保険事業で資産運用の失敗が表面化した。その一方、銀行・保険事業以外はあいかわらずの赤字だ。このような不安定な経営状態では、組合員を統率する能力も弱くなる。

第二は、選挙改革だ。従来の中選挙区制による衆議院議員選挙では一選挙区に複数の定数があったため、農家票を固めるだけで当選ラインに乗ることもあった。また、同じ選挙区内で自民党から候補者が複数出馬する場合、彼らの間で票の割り振りが必要だが、農協のように地区ごとに農家票を束ねている組織は対応しやすかった。しかし、一九九四年に導入された小選挙区制では、そういう選挙の技術は必要性を失った（新制度での最初の衆議院議員選挙は一九九六年）。また、農村部のほうが有権者一人当たりの国会議員定数が多いことが問題となり、一九九〇年代以降、この是正がおこなわれたことも、農協の政治力をそいだ。

弱体化する農協にとってかわって、商工業者の団体（経団連など）が農業をめぐる政治力学におけるキープレイヤーになっていく。この背景には、日本の商工業の国際競争力低下がある。一九八〇年代にジャパン・アズ・ナンバーワンが国際的な流行語になるほど、かつての日本の商工業は国際競争力をほこっていた。しかし、一九九〇年代初頭のバブルの崩壊後、日本の商工業は活気を失い、対照的に急成長するアジアの隣国の攻勢の前に敗退を続けることになる。

すっかり国際市場での優位を失った商工業者が注目したのが、国内農業に参入することだ。コンビニの興隆にみられるように、消費者の簡便性志向が高まり、家庭での調理を省き加工済みの食品を買う傾向が強くなった。調理機会の減少は消費者が食材そのものを評価する能力を低下させ、広告やブランドに頼る傾向を生む。商工業者の場合、農作物の栽培自体には長けていない場合が多いが、高性能な農業機械を買いそろえればそれなりに生産はできる。機械頼みの耕作では収量が不安定になったり品質が低下したりすることは避けがたいが、加工や宣伝に力を入れることでごまかしがきく。

二〇〇一年の小泉内閣発足を契機として、規制改革会議、財政諮問会議といった内閣府に直属の委員会が政府の政策設計に影響を強めるようになる（いわゆる官邸主導）と、商工業者の農業参入を政府が奨励する傾向が一気に高まる。規制改革会議や財政諮問会議の主要メンバーは商工業者の団体から送り込まれている。「改革派」を標榜する政治家や研究者も、総じて、商工業者よりの発言をする。下記に農地法を事例として、農政が従来の農協や零細農家の保護から、商工業者の農業参入の促進に舵をきっていく歴史をふりかえることとする。

6　農地法の変遷

以上の農業政策の戦後史を、農地法改訂の変遷という観点から再整理しよう。一九五二年の農地法制定当時には、第一条の目的規定で「農地はその耕作者みずからが所有することを最も適当であると認めて」と記されており、「自作農主義」と言われた。裕福な地主と貧困の小作人が対立するという戦前の構図が復活することを恐れて、小作人の同意なくして小作契約が解除されないなど、小作人の権利を手厚く保護したほか、農地の所有面積にも上限が設けられていた。しかし、戦後、農業機械、化学肥料、農薬などの省力化技術が息吹くにつれ、大規模営農への期待が高まり、一九六二年の農地法改訂で農地の所有上限が撤廃された。一九七五年の農地法改訂で第一条に「土地の農業上の効率的な利用を図るため」という文言が追加され、借地による規模拡大に適した枠組みへと変化した。この改訂は「自作農的農地法から借地農的農地法へ」と評され、農林水産省自身も従来の「自作農主義」にかえて「耕作者主義」という表現を使うようになった。同じく一九七五年に、農用地利用増進事業が発足し、農地法の諸規制をバイパスして農地の貸借が可能となった。これは従来の農地法の借り手の権利保護が農地の貸借を不活発にしているという批判に対応したものである。ただし、借り手の権利が強いというのは、不動産一般についてあてはまる戦後日本のいわば商習慣であり、法律の条文の問題に矮小化してはいけない。農用地利用増進事業の成果は、従来、農地法の手続きを経ずに行われていた実質的な農地貸借（いわゆる「ヤミ小作」）を、陽表化したことだ（ただし、ヤミ小作の一部が農用地利用増進事業に移っただけで、ヤミ小作も相当量が残ったと思われる)。農用地利用増進事業は当初は農振法の農用地区域に限定されていたが、一九八〇年の農用地利用増進法制定によって、全農地に適用可能となった。

ここまでの農地政策の展開は、あくまでも農地の売買や貸借を活性化することで「土地の農業上の効率的な利用を図る」という方針だったが、一九九二年に農林水産省は「新しい食料・農業・農村政策の方向」を提示し、根本的な方針転換をした。すなわち、行政が今後の農地の担い手となるべき農業者を指定し、そこへの農地集積を促すという新たな方針を掲げたのだ。しかも、そこで想定されている新たな担い手として、従来の家族経営ではなく、法人経営への期待が明確となった。これは行政(あるいは行政に提言する立場にある「識者」)が「どういう農業者が望ましいのか」を知っていることが前提となっているという点で、行政(あるいは「識者」)の驕慢がうかがえる。第二章第五節で指摘した三つの罠が起きやすい態勢ともいえる。

農地法の制定当時は、家族経営による営農が暗黙の前提となっていて、法人による農地の利用・取得は実質的に不可能だった。一九六二年の農地法改訂で農業生産法人という制度が発足し、自然人以外の経営体による農地の取得や借入が可能となった。この時点では、農業生産法人に農地を提供した個人と農業に常時従事する者しか農業生産法人の構成員になれないなど、厳しい条件がつけられた。この条件は一九七〇年と一九八〇年の農地法改訂を経て、業務執行役員の過半数が農作業に常時従事していればよいと変更されたが、農業生産法人の数は一九九〇年でも三八一六で、農家世帯数の三八三万戸に比べてあまりにも小さい存在でしかなかった。

認定農業者制度の発足

一九九三年に農用地利用増進法が廃止され、代わって農業経営基盤強化促進法が制定され、効率的かつ安定的な農業経営計画を持つ農業者を地域農業の担い手として行政が認定する制度が発足した（農用地利用増進法の農地の貸借の枠組みは、農業経営基盤強化促進法の枠組みに継承された）。この認定された農業者は認定農業者といわれ、自然人のみならず、法人も含む。同年には農地法も改訂され、農業生産法人の事業要件、構成員要件が緩和された。

一九九〇年代中ごろは、先述のように農業における政治力学の主役が農協から商工業者の団体に移り始める時期に相応する。二〇〇〇年代になって農協の政治力の低下が顕著になったのに同軌して、農外企業の農業参入を促すための制度改革が進む。二〇〇〇年の農地法改訂では株式会社形態の農業生産法人が認められた。これにより、商工業者の農業生産法人への出資が容易となる。二〇〇三年に構造改革特区で一般企業による農地借入が認められた。二〇〇九年の農地法改訂では、第一条の目的規定で「農地はその耕作者みずからが所有することを最も適当であると認めて」という文言が削除された。同時に農業生産法人の要件も大幅に緩和され、食品関連会社が総資本金の半分まで出資可能になるなど、商工業者による農業生産法人の設立・運営を促す内容となった。また、この改訂により、農業生産法人以外の一般の法人でも、一定の条件を満たせば農地を借入できるようになった。

二〇一五年の農地法改訂では、農業生産法人が農地保有適格法人に名称変更され、農業にまったく関連しない者に対しても構成員や議決権の資格が取得可能になった。同時に、農業委員会にも大幅な制度改革があった。すなわち、農業委員の選出にあたり、従来の選挙制度が廃止され、全委員が市町村長の任命で選ばれることになった。

農地中間管理機構の発足

二〇一四年に農地中間管理機構の制度が発足し、新たな農地の貸借の仕組みが生まれた（農地中間管理機構は農地の貸借以外にも農地の売買などいろいろな業務があるが本書では割愛する）。市町村単位で農地の出し手（貸したり売ったりしたい者）と、農地の受け手（借りたり買ったりしたい者）を募る。双方に白紙委任（農地の出し手は誰が受け手になるかを機構にゆだね、農地の受け手は誰が貸し手になるかを機構にゆだねる）を求め、農地中間管理機構が地域全体の事情を総合的に判断して、どの農地をどの農業者に耕作させるかを決めるというものだ。一見すると、より広範な視野から農地の計画的利用を進める画期的な制度のような印象を与えるかもしれない。

ただ、この制度の運用においては白紙委任は形骸化している。実態としては特定の出し手と特定の受け手の間で貸借ないし売買が合意されていて、農地中間管理機構の実績作りや補助金受給（農林水産省は農地中間管理機構を通じた貸借に補助金を出している）の目的で、形式だけ農地中間管理機構を通す場合が多い。このように、現状としては農地中間管理機構が農地の貸借に大きな影響を与えたとはいいがたい。このため農地中間管理機構はあまり機能していないという批判をたびたび耳にする。

だが、本当の問題は農地中間管理機構が機能し始めたときに起こると私は危惧する。行政の専横を防ぐ仕組みがないからだ。農地中間管理機構の幹部は都道府県知事の指定で決まるため、制度上は地域の利益ではなく都道府県知事（ないしは知事にパイプを持つ者）の私的利益のために農地利用を誘導することが起きかねない。これは二〇一四年までの農業委員会の構成員が主として選挙で決められていたのとは対照的だ。選挙であれば地域の利益を無視する者（あるいはしそうな者）は落選の憂き目にあう。

いずれにせよ、農林水産省が農地中間管理機構を強化していく方針を明確にしている。たとえば、二〇一五年の農地法改訂では農地中間管理機構と連携する農地利用最適化推進委員という役職を発足させ、農地等の利用の最適化の推進に熱意と識見を有する者のうちから適任者を選んで、農業委員会が委嘱することとなった。

なお、農地中間管理機構を通じた新たな農地貸借の仕組みの原型となったのは島根県斐川町（二〇一一年に隣接する出雲市に合併された）の取り組みだ。斐川町農林事務局に水田の貸し出し希望者と借り受け希望者の情報を集約し、斐川町農林事務局が斐川町全体で誰がどの圃場を耕作するか、どの圃場を転作（コメの生産調整のために水田に水稲ではなく大豆などの代替作物を植えること）するかを決める。この際、農地の貸し出し希望者も借り受け希望者も斐川町農林事務局の裁量にゆだねるという「白紙委任」だ。この仕組みは二〇〇六年度から実施されている。

こういう制度ができた背景には、斐川町特有の自然条件と歴史がある。斐川町は斐伊川の最下流で、広大な平野地帯だ。天井川で豊富な水量をほこる斐伊川が共通の農業用水だ。四本の導水路にそって集落が形成されている。斐川町全体で、どの集落がいつ水を利用するかを相談し、綿密にルールを作成・運用してきたという歴史がある。所定の時間に所定の水量を共同で使わないといけないので、集落ごとに強い団結が生まれる。また、豪雨や渇水などの斐伊川の異変は斐川町全体の試練であり、町中で水の利用計画をみなおさなければならない。このようにすべてが一蓮托生という風土が斐川町には根付いている。たとえば、集落が総出で田植えをおこなうという習慣（手間がえと言われる）も長く続いた。ちなみに私の母方の実家が斐川町にあるが、子供の頃に年に数回、訪れた程度なのに、集落の人たちが何十年経っても私のことを覚えているのには驚かされる。このような特異な歴史に立脚してこそ斐川町の農地利用システムは機能している。農林水産省で農地中間管理機構の設立が検討されていたとき、斐川町の人たちもヒアリングのために霞ヶ関に招かれた。ほかの地域に容易に援用できるものではないと斐川町の人たちは訴えたが、その部分については農林水産省は聞き入れなかった。農林水産省の政策設計者には「先進事例を調査した」というアリバイが欲しかっただけかもしれない。

なお、この斐川町の事例は、アンノ・イェンシュ氏（ウィーン大学）が、社会学・経済学・政治学の枠組みを使いながら、約半年にわたって斐川町に住み込んで実態調査をし、すぐれた事例研究としてまとめている（Jentzsch, Hanno. 2021, *Harvesting State Support: Institutional Change and Local Agency in Japan's Agricultural Support and Protection Regime*, Toronto: Toronto University Press）。日本国内ではアンノ・イェンシュ氏は注目されていないが、アンノ・イェンシュ氏はいったん母国のドイツで新聞記者として仕事をした後に、デュイスブルグ大学の大学院に入って博士号を取得し、その後五年間日本に滞在し、地道で自由な実態調査を積み重ねている。上掲の書は、日本の農村社会を分析する際のお手本とするべき名著ではないかと私はみている。

7　改革派の欺瞞

農地中間管理機構の発足などに先立って、二〇一三年一二月、農地法改訂によって農地基本台帳が法定化された（二〇一四年四月に施行）。そして二〇一五年四月からその内容がインターネットで公開されることとなった。

一見すると改革を志向しているかのような体裁だが、その中身たるや、農地政策の戦後史で最悪というべき酷いものだ。先述のように肝心の農地基本台帳の中身が不正確な情報なのに、それを追認してしまったからだ。本来なら、まずは徹底的な農地の実態調査をするのが最優先のはずだ。それなしで法定化やインターネット公開などをするのだから、一部の正確な情報さえも不正確な情報と分離できなくなってしまった。くさったリンゴが混じっていることを知りながら、まるごと市場に出荷すれば、かりにその産地にまともなリンゴがあっても、市場はその産地を信用しなくなる。それと同じことだ。

私は、農業委員会や農地基本台帳の存在すらほとんど話題になっていなかった二〇〇六年に『日本の食と農』という本を著して、実態調査の必要性と農地基本台帳の法定化をセットにして主張し続けてきた。同書がサントリー学芸賞を受けるなどして注目されたこともあり、農業委員会や農地基本台帳の問題の先鞭をつけたという自負が私にはある。それが、法定化という形式部分だけをつまみ食いされ、かえって事態が悪化したことに、猛烈な悔いをいだいている。実は、二〇一四年に、内閣府の規制改革の担当職員から次の農地制度改革の方向について非公式に意見を聞きたいという打診があった。なぜ非公式なのかも疑問だったが、農地基本台帳の法定化の欺瞞を問いただすチャンスと考えて会うことにした。

会談の冒頭で、「なぜ、農地基本台帳の不正確な情報を追認するようなことをしたのか」と問うた。内閣府の規制改革の担当ということは換骨奪胎の改革で事態を悪化させた当事者なのだから、それへの反省なしには、今後も同じことを繰り返すと危惧される。その危惧が払しょくされない限り、私は何も話すわけにはいかない。しかし、彼らは「それはそれとして次の改革のアイデアを」と繰り返すばかりだった。話は全く進まなかった。「要するにあなたがたは改革のポーズをとることが目的で、農業をよくする気はないのですね」と私は告げて、会談は終わりになった。悲しい経験だが、政府や「識者」が改革を口にするときの魂胆がどこにあるのかを如実に物語っている。

ポーズとしての改革に執心する者にとっては、農地基本台帳の精査は絶対にやりたくないだろう。終戦直後の農地改革と同様に、一筆一筆の農地について、現状把握をしなければならない。それだけでも手間がかかるが、違法状態があかるみになれば是正措置もとらなくてはならない。

占領統治下で連合国軍総司令部に絶対的権力が与えられたもとでさえ、農地改革には四年かかっている。いま、農地基本台帳の精査をしようとすれば、相当な年月を要することを覚悟しなければならない。「自分の土地をどう使おうと自分の勝手」という風潮が日本社会にある中、地権者の反発も覚悟しなければならない。改革を標榜すること（改革をすることではない）が目的化している人たちにとっては、そういう手間がかかって、市民受けの悪いことはしたくない。

おそらく、そういう安易な発想から農地基本台帳の情報がどんなに不正確でも不問にしたまま、法定化という形式が欲しかったというのが、改革を標榜している人たちの本性なのだ。彼らに社会的使命なぞを求めても虚しくなるだけだ。

いくら農地基本台帳の精査に手間がかかるからといって、それから逃避することは許されない。例えば胃がんに由来する口内炎なのに、胃がんの処置は難しいからといって唇の痛みだけを止めるクリームを処方するだけで治療のポーズをとれば、どうなるだろうか？　改革のポーズをとりたがる人たちは、そういう無責任なことをする輩なのだ。

8　日本農業の行き先

一九九〇年から二〇二〇年の三〇年間で、農家戸数は三八三万戸から一七五万戸へと減ったのに対し、農業生産法人（二〇一六年からは農地所有適格法人に名称と制度が変更）は三八一九から一万九二一三へ急増している。農地所有適格法人以外での法人経営も含めて、今後は農家という家族経営ではなく法人という企業経営が農業の主体になっていくと思われる。それは、かつての八百屋、魚屋、肉屋といった家族経営の個人商店が街から消え、スーパーやコンビニなどに置き換わったのと同じだ。

長らく規模の過小性が日本農業の足かせであるという議論が多かったが、直近時点ではすでに農地の過半が認定農業者に集積しており、もはや規模拡大による農業の効率化の余地はかなり小さくなっている。それどころか、行き過ぎた規模拡大になっているという可能性も指摘されている（たとえば、東京財団「農業構造改革の隠れた課題」二〇一三年)。規模拡大がおうおうにして農業機械への過度の依存となり、作物や家畜の観察などといった地味な基礎作業を怠たりがちになる。政府は法人による大規模営農を推進する姿勢をとり続けているが、規模拡大や法人による営農が本当に効率的なのかは、今後の展開を注視しなければならない。

農協に代わって商工業者の団体が農業政策のキープレーヤーになった結果、日本農業が「都会のオフィスでおこなう産業」になりつつある。都会のオフィスでインターネットで農地を物色する→農地中間管理機構を使って利用権を取得する→農業機械を買いそろえて地方の責任者に農作業をやらせる→都会のオフィスで企画した加工や宣伝にのせて農産物を売る、というものだ。センサーなどを使った農作業のマニュアル化の推進に農林水産省は熱心だが、これも農業を「都会のオフィスでおこなう産業」にする動きの一環とみることができる。マニュアル化が進めば進むほど家畜や作物を直に育てている者の裁量は減る。マニュアル頼みの農業は予期せぬ気象変動に対応できず、豊凶変動が激しくなりがちだ。それをカバーすべく、保険型農業補助金(農業収入が低下したときに補助金の支給で収入の補塡をする)を農林水産省は強化している。

また六次産業化に政府が力を入れているのも同じ流れだ。六次産業化には巨額の補助金が出るが、その申請のための書類は膨大で、かつ、商工業の知識が必要で、普通の農業者の手に負えない。一方、商工業者にとっては、六次産業化の補助金を申請するのはさほど難しくない。

なお、農業補助金の支給のない六次産業化認定ならば小規模農家でも比較的容易に取得できる。認定を受けた農家に六次産業化が農家のためになっているというイメージを消費者向けに発信させておいて、実際には商工業者に農業補助金を支給するという構図だ。

補論1　令和検地の提言

農政改革についてはさまざまな意見がありうるし、活発な議論が求められる。だが、どういう方向で改革を進めるにせよ、絶対条件として真っ先に取り組むべき課題がある。それは農地利用の現状把握と徹底した情報公開だ。

体調不良の人に対してまともな検査をしないで処方箋を書いても意味がない。それと同じで、目下の農地の利用状況や所有者・耕作者について記録が当てにならないままでは何を論じても絵空事になる。本章第七節で農地基本台帳が不正確で、しかも、みせかけの改革によってますます事態が悪化したことを指摘した。こういう逆境下にあるが、農地基本台帳の情報を徹頭徹尾精査することから始めなくてはならない。これは、毎日新聞の井上英介氏が、いち早く、提唱しているもので、井上氏は「平成の太閤検地」と命名している（井上英介「『農地漂流』の現実、直視せよ」『毎日新聞』二〇〇九年四月一五日付朝刊、第九面）。元号が変わったいま、「令和検地」として、踏み出すべきだ（民意に立脚して欲しいという願いをこめて「太閤」を落とした）。

農振法の農用地区域（本章第三節参照）の指定を受けた後に、周辺の農地が虫食い的に農外転用されて、農用地区域の要件を満たさなくなることがある（連結して農地がまとまっていないと農用地の指定は受けられないことに農振法の規定上はなっている）。ところが、農用地区域の指定が取り消されず、税金や農業補助金の優遇を受け続けていることは多発している。もしかすると、農振法の仕組み自体がもはや崩壊しているのかもしれない。そういう現行制度の実効性の検証という意味でも、令和検地は不可欠だ。

いまはＧＩＳ（地理情報システム）も発達しているから、技術的には、令和検地は難しいことではない。令和検地を進めようとする際の最大の障壁は、個々の農地所有者からの猛烈な反発だ。すでに違反転用してしまった農家や、相続税が不当に軽課だった農家がある。また、これから転用を期待している農家もいる。そういう後暗い農家は、令和検地に猛反発し、「自分の土地なのだからどう使っているのかを口出しされたくない」と開き直ることも考えられる。

そういう開き直りをゆるさないためには、非農家（農村部であれ都市部であれ）の協力も不可欠だ。というのも、土地情報が不正確なのは農地以外の土地でもよく起きているからだ。たとえば、建築確認のあと手を加えて実質的に建築基準法の規定を骨抜きにしたり、不正な土地使用が既成事実化したりしているなどの事例は、しばしば発生している。これらを黙認しておいて農地についてだけに厳しく情報提供を求めるのは公平を欠くからだ。

令和検地をするにあたっては、過去の不正を自主申告した場合は不正に対するペナルティーを軽減するといった思い切った措置も必要だろう。土地利用情報の不正確さがこのまま放置されれば、ますます土地利用が無秩序化しかねない。そうなると、手っ取り早い解決策として行政に強権行使を認めるという機運がうまれるかもしれない。何が適切な土地利用かを行政に決めてもらい、地権者には抗弁の余地を与えずに絶対服従を強いるのだ。これはたしかに、土地利用に秩序をもたらすだろう。しかし、それこそ、戦時体制を彷彿させるような危険な方向だ。だが、これは決して杞憂ではない。先に農業委員会の選挙制度が廃止されて行政による任命制度に変わったことを指摘した。目下のところはこの制度変更による実質的影響はあまりないが、少なくとも法制度としては行政の暴走を止められない枠組みに変化しているのだ。紙幅の制約もあって本書ではこれ以上論じないが、近年の耕作放棄地対策でも行政の裁量がじわじわと拡大している。そういう強権主義の静かな成長に対して日本社会が不感症になっているのならば恐ろしいことだ。

令和検地と並行して、どこでどういう農地の転用計画が持ち上がっているかとか、いつどういう理由で転用を許可したかなど、農地利用に関わる情報を、地方自治体のホームページなどで克明に情報公開するべきだ。それが違法行為や脱法行為の抑止効果を持つからだ。たとえば、農業後継者のために住宅を建てるという名目で農地の転用許可を取り、転用して住宅を建てたら第三者に売ってしまうという脱法行為が散見されている。現在はどういう理由でいつ転用の許可があったのかが公開されていないので、市民があえて、行政に対して情報公開請求の手続きをするという煩雑な手順をとらないかぎり、この類の脱法行為は見咎めらない。しかし、もしも、市町村のホームページ上で「農業後継者のために住宅を建てる」と情報が公開してあれば、「本当に農業後継者が暮らしているのか」という周囲からの猜疑の眼を気にせざるをえなくなり、脱法行為を思いとどまるだろう。また、農地基本台帳の記録上は農地のまま農外転用してしまうという違法行為（本章第二節で紹介した輿石東氏の事例も含まれる）も、「ホームページに載っていないのにすでに農外転用されているのではないか？」という類の見咎めを容易に招くことになり、農地所有者としては自分勝手な違法転用がしづらくなる。

補論2　農協法廃止の提言

農協の組合員には正組合員と准組合員の二種類があるが、このうち准組合員には組合長選挙の投票権がないなど、その権利は著しく制限されている。農協は農家の組織なので、非農家は准組合員にはなれても正組合員にはなれないことに「表向きは」なっている。しかし、実際には、以下に詳述するように、法律上の特例や、さらには法律違反の慣行の蔓延によって、いまの農協の正組合員の半数近くが農林水産省の規定する農家の定義を満たしていない。つまり、農協が数多くの非農家に対して農家と同等の権利を与えているのであり、いわば、農協が組織的な「偽装農家」を創出している、といえよう。

これは農協の存在理由を喪失しかねない重大問題だ。それにもかかわらず（それだからこそ?）、昨今の農協論議（農協批判であれ、農協擁護であれ）では、この問題は議論からすっぽりと抜け落ちている。以下では、このタブーの話題を正面から論じ、農協法の廃止を提言する。

農協の特徴

本章第五節と重複になるが、あらためて農協の特徴を概観しておこう。農協は戦中の配給組織である農業会を前身として、農協法（一九四七年制定）によって改組された全国組織だ。東京大手町の全国農業協同組合中央会（通称、JA全中）の統括のもとに全国各地に農協がある（ただし、後述のように二〇一五年の農協法改訂によってJA全中は統括する立場を失っている）。活動内容の詳細は、個々の農協ごとに定款によって決められている。戦時中の農業会は強制加入だったが農協法では農家に農協加入を義務づけていない。しかし、いわば村にしみついた慣習のように、ほぼ全ての農家が地元の農協に加入している。

農業者が協同組合を作って、農産物の共同出荷、農業資材共同購入、農業設備の共同利用などをするのは、欧米でもみられることでそれ自体は珍しくない。しかし、日本の農協の特徴は、農業に直接的に関係しない分野も含めて、幅広い事業を展開していることだ。例えば生活用品の購買をはじめとして冠婚葬祭業など農村の日常生活でありとあらゆる事業を展開している。さらに特筆するべきは、金融事業（信用事業と共済事業の総称）と呼ばれる実質的な銀行・保険業務が農協には認められていることだ。通常の金融機関には金融以外の業務が厳しく制限されているのに対し、異例の措置だ。ちなみに農協とほぼ同時期に発足した事業協同組合（おもに商工業を営む中小企業の協同組合）や消費生活協同組合には金融事業は認められていない。

農協の事業は多様だが、そのほとんどは赤字経営だ。金融事業は農協の数少ない黒字部門で、いわば農協経営の「屋台骨」だ。一九九〇年代初頭まで、「護送船団方式」と揶揄されるほど金融機関の収益は政策的に守られていたが、農協はとくに優遇されていた。具体的には店舗規制や預貯金の利子率規制が農協には甘かった。かつて農協の組織力・政治力が強かったが、その背景には、金融事業で手堅い収益をあてにできたという強みがあったことを忘れてはならない。

しかし、一九九〇年代に入って金融自由化が進むにつれ、農協の金融事業には失態が目立つようになった。一九九〇年代初頭の損失補填問題では農協共済の資金運用の脆弱さが露呈した。一九九〇年代中頃の住専問題でも、二〇〇八年の国際金融危機（いわゆるリーマンショック）でも、農協は日本の金融機関の中で最大の損失を被った。不正融資や職員の使い込みなどの不祥事も後を絶たず、農協は金融機関として不安要素を多く内包している。

かといって、金融事業に代わる収益源が農協にはみつけられない。利が薄くなっていく金融事業にますます依存するというあやうい状態だ。一九九〇年代以降農協は大型合併にまい進しているが、これも、金融商品が高度化し、規模の小さい農協では扱いきれないためであり、地域の農業振興などは二の次だ。しかし、大型合併は弥縫策にすぎない。資金運用能力不足などの農協の抱える根本的問題は解消されてない一方で、国際的にも国内的にも金融再編の荒浪には容赦がない。地方銀行は農協よりは資金管理能力があるが、その地方銀行ですら、二〇二九年には約六割が赤字に転じると推計されており、しかも単なる地方銀行合併は解決策とはならないと見込まれている（日本銀行「金融システムレポート」二〇一九年四月）。

農協の組合員資格

農協法は、「農業を営む」自然人と法人を正組合員の要件としている。ただし、常時使用する従業員が三〇〇人を超え、かつ、その資本金の総額が三億円を超す法人の場合は、小規模生産者の相互扶助をはかるという農協法の趣旨に背くとして、農業を営んでいる場合でも正組合員資格は与えられない。何をもって農業とみなすかや、住所などの追加の制約を課すかどうかなどは、各農協の定款にゆだねられている。農林水産省は、一〇アール以上の耕作をしているか年間一五万円以上の農産物販売がある世帯を農家と定義しているが、農協にはこれに準拠する義務はない。定款の要件を満たし所定の出資金を払えば、正組合員となる。

一方で非農業者であっても「当該農協の施設を利用することを相当とするもの」には、所定の出資金を払えば、農協の事業を自由に利用できる権利が得られ、これが准組合員だ。准組合員は農協の総会での議決権がないなど農協経営への関与には制限があるが、農協が提供するサービスを利用することには正組合員と同等でとくに制限がない。

准組合員という特殊な制度ができたのは、農協法制定当時に、生活物資が配給でまかなわれていたという事情がある。農業会をひきついで農村における配給業務を農協が担うにあたり、農協の所在地に住む非農家を准組合員として受容する必要があった。

配給制度は一九五〇年ごろには終焉するが、その後も農協は農業に限定しないで、金融や生活用品など、地域生活一般に幅広く業務を展開していく。さらに、都市と農村の交流促進の意図から、二〇〇一年の農協法改訂では、農協の所在しない地域に所在するすべての自然人・法人に准組合員資格が認められることになった。

ちなみに准組合員の資格要件には、正組合員の場合とは異なって、大企業を排除する規定が農協法にない。他方、事業協同組合や消費生活協同組合とともに、農協は小生産者や消費者の組織であることを理由に、原則として独占禁止法の適用除外となっている。大企業が准組合員資格を取得し、独占禁止法の抜け穴として農協を使うことも制度的には可能なことに注意しなければならない。なお、組合員以外（正組合員でも准組合員でもない）も、原則として主要な事業ごとに六分の一までは利用が認められている（「員外利用」と呼ばれる）。この上限が守られていないケースが多発しているという報道があり、それに対応して農林水産省は改善の指示をしてはいるが、どの程度徹底しているかははっきりしない（員外利用規制の詳細は複雑で、本書では紙幅の制約上、割愛する）。

農協の「偽装農家」の発生パターン

以上の準備のもとに、正組合員戸数と准組合員戸数の推移をみたのが表４－３だ（一農家に複数の組合員資格を認めている農協とそうでない農協があるが、戸数で測っているので両者の齟齬はない)。農林水産省の農業センサスの農家世帯数と比較することで、冒頭で述べた「偽装農家」の存在をあぶりだすことができる。

農家戸数と正組合員戸数のギャップは増大を続け、二〇一五年では一六二万戸となり、正組合員の四三%を占めている。農協に所属していない農家もごく少数ながら存在することを考慮すると、農家ではないが正組合員となっている戸数(すなわち「偽装農家」の戸数)は、さらに多いだろう。

このギャップを生む要因には三つのパターンがある。第一は、定款によって、農林水産省の定義では農家にならないような小面積の耕作者や少額の農産物販売者にも正組合員の資格を与えているケースだ。農林水産省「総合農協統計表」によると一〇アールに満たなくても正組合員資格を与えられるという農協が全体の三〇%程度ある。しかし、これほどの小面積で農業とみなしてよいかは疑問だ。広めの庭で野菜や鉢花を趣味で育てている非農家でも、正組合員資格を取得可能という解釈も成立するからだ。第二のパターンは、農業経営基盤強化促進法によって農地を全面売却や貸し出しするなどして離農した場合、農協の正組合員資格を維持してもよいという特例があり、これに相当するケースだ。この特例の正当性にも疑問があるが、実質的に離農状態にあることに違いはない。

第三は、上述の二つにも該当しないまま離農し、しかし、農協が正組合員資格の剝奪を怠っているケースだ。これは違法状態であるが、農協の管理体制の甘さを考えれば、発生していてまったく不思議はない。私自身、農村調査の際にこの違法状態に遭遇しており、かなりの頻度で発生している可能性が高い。

昨今、農協は伝統的な零細農家の利益を守ろうとするあまり、先進的な大規模農家や新たに農業を

表４－３　農協の組合員戸数と農家戸数の比較

（単位：千戸）

年	正組合員戸数 (1)	農家戸数 (2)	偽装農家（非農家であるが正組合員） (3)＝(1)－(2)	参考（准組合員戸数） (4)
1990	4,859	3,835	1,024	2,598
1995	4,780	3,444	1,337	2,972
2000	4,574	3,120	1,454	3,163
2005	4,350	2,848	1,502	3,444
2010	4,068	2,528	1,540	4,061
2015	3,771	2,155	1,616	4,814

注：正組合員戸数、准組合員戸数は農水省「総合農協統計表」による。農家戸数は農（林）業センサスによる。

始めようとする企業と対立したり、農産物輸入自由化に反対したりする「抵抗勢力」というレッテルが張られ、批判の対象とされがちだ。この傾向は財界や「改革派」を自任する論者にとくに多い。たしかに、一九九〇年代初頭のウルグアイ・ラウンド交渉あたりまでの農協にはそういう姿勢がみられた。

しかし、いまや農協は一六二万戸もの「偽装農家」と四八一万戸の准組合員を抱え、農業そのものへの関心が薄らいでいる。ちなみに、農業センサスの自給的農家と副業的農家を零細農家とみなせば、両者をたすと二〇一五年で一六〇万戸だ。より大規模な五五万戸（二〇一五年の総農家数から零細農家を差し引いたもの）よりも多いが、「偽装農家」よりも二万戸下回る。いまや「偽装農家」こそが農協の正組合員の最大勢力であり、今後もこの趨勢は強まると予想される。

「偽装農家」は実質的に非農家だから、安い外国産農産物が入れば家計が助かるし、彼らの手元に残存するわずかな農地の借り手として、大規模農家や農外からの新規営農企業に期待する。つまり、財界（およびそれに同調する論者）がいうような「抵抗勢力」になる動機すら、いまの農協にはない。もちろん、農協の名称を使っている体面があるので、農協の幹部（歴史的な経緯もあるので、さすがに「偽装農家」が農協の幹部に上りつめる事態はいまのところ起きていない）は「偽装農家」のそういうホンネをひた隠しにしているが。

象徴的なのがＪＡ全中の権限弱体化を図った二〇一五年の農協法改訂だ。この改訂はＪＡ全中から農協法上の存在根拠を剝奪した。この改訂を受けてＪＡ全中は一般社団法人に衣替えして今日も存続しているが、もはや全国各地の農協を指導したり、統括したりする権限はない。

この農協法改訂の起案の段階で、政府は財界（および財界に同調する論者）からの意向を手厚くくみとる一方で、農協の意向は最初から聞く耳を持たなかった（メンツをつぶされて当時のＪＡ全中の会長は辞任した）。この改訂によってますます農協は政治的な活動を縮小せざるをえなくなった。もっとも、それは「偽装農家」の政治的要求が表面化する可能性（それは正組合員の中で非農家が最大勢力になっているという事実が白日の下に晒される可能性に通じる）を減じたという意味で、現下の農協幹部層が保身していくためには好都合かもしれない。

「偽装農家」の解消策

農協が農業者の協同組織として法律的にもさまざまな特別扱いを受けている以上、「偽装農家」が多数を占めるという現状は、看過できない。非農家であることを理由に准組合員の権利を制限しておきながら、非農家の正組合員を多数認めているのは、まったく不公正だ。早急に個々の正組合員について違法状態にないかを調査するとともに、かりに農協法には抵触しなくても、非農家と実質的に違いがない正組合員には、脱退か准組合員への変更を促すべきだ。

より抜本的な問題解決策は農協法廃止だ。農協のみに金融事業の兼営が認められていたり、准組合員という不自然な制度を残存させたりすることに、合理的理由は見出しがたい。

　農協法がなくなっても、事業協同組合や消費生活協同組合に転身すれば、これまでの事業は継続できる。現に、ちえのわ事業協同組合（北海道）のように農家が事業協同組合を設立して斬新な営農を展開している事例もある。

　先述のように、目下の農協は金融事業が収益の柱となっている。とくに預金（農協では貯金と呼ばれる）残高は、みずほ銀行をも凌駕しており、農協は巨大な金融機関でもある。農協法を廃止する場合、事業協同組合や消費生活協同組合には銀行・保険事業が認められていないので、農協の金融事業は、農協から分離独立して金融機関に転換するか、ほかの銀行や保険会社に身売りをするかを迫られる。従来、農協は組合員に対して安易に救済融資をしがちで農家が累積負債に陥るという問題もあったが、金融事業を切り離せば、そういう点でも農家の困窮を未然に防ぎ、ひいては農業の生産性向上にもつながる。

　前述のように農協は金融機関として不安要素を多く内包している。金融商品が高度化する一方なのに、農協の金融事業は旧態依然としていて日本の金融市場全体の不安定要因だ。農協法廃止によって農協の金融事業に終止符を打つことは、日本の金融市場の健全化のためにも好ましい。

　農協法廃止は、グローバル化への対応としても有益だ。EUとの経済連携協定や環太平洋パートナーシップ（TPP）協定など、今後も国際的なルールの共通化が進むだろう。紙幅の制約上、本書では組合員資格について論考を集中させたが、そのほかにも現行の農協には外部からみてわかりにくい部分が散在し、不公正感を諸外国に与えかねない。

農協法廃止という抜本的な改革案に対しては財界や「改革派」を標榜する者たちが尻込みするだろう（農協や農協擁護的な論者も農協法廃止には反対であろうが、「弱い者イジメ」をしたくないので本書ではもっぱら「改革派」の誤謬に議論を集中する）。第二章第七節と本章で繰り返し指摘したように、よくも悪くも、現下の農政の設計は、財界主導だ。彼らは農協を批判するのには熱を入れるが、かりに農協法廃止となれば、農協の金融事業を既存の金融機関で引き受けるなどの責任を財界も負うことになる。

財界としては、自分が「改革志向の正義派」を演じるためには、「抵抗勢力」を残しておきたい。財界が提唱してきた「攻めの農業」の虚構性（第二章第七節参照）が露呈しないようにするためにも、農協が存続して「悪いのは農協」という論調を維持したい。つまり、農協をじわじわと弱体化させるのが得策で、農協を「生かさず殺さず」にしておきたいのだろう。

よし悪しはともかく、これまで農協が地域貢献のために赤字覚悟でいろいろな事業を担ってきたのも事実だ。高齢者の面倒をみたり（とくに災害時）、共同水路の掃除をしたりだ。農協法廃止となれば、そういう面倒くさい仕事を押しつける先がなくなって困るという事情（それは身勝手な事情だが）も財界にあろう。

財界（および財界に同調している論者）が嫌がるからといって農協法廃止をためらう理由にはならない。農業者（および農村社会）の相互扶助組織は必要だが、それを矛盾満載のまま弱体化していく農協に担わせるべきではない。農協法廃止はこれからの社会扶助をどうするかという難問に向き合う（難問ゆえに真剣な議論から逃避されがちだった）機会を作るという意味でも有効だ。

逆にいうと、農協法廃止に踏み込まないところに、財界（および財界に同調している論者）がいう「改革」の軽薄さが集約されており、彼らの心根が透けてみえる。

第5章　日本農業改造への15の提言

1　日本農業の原型

昆布の偉大さ

昆布は偉大な食材だ。昆布巻きや松前漬けのように、昆布そのものを食べることもあるが、出汁の原料としてとくに力を発揮する。出汁の材料には鰹節や鯖節をはじめとしてさまざまなものがあるが、「海藻でダシとして使用できるものは昆布以外にはないと言ってよい」（河野友美『食味往来』中央公論新社、一九九〇年、四八頁）。

その中で昆布出汁は京都・大阪で発達した。いまでこそ、経済活動や文化活動の中心が東京になっているがもともと「上方」という言葉が表すように、長らく京都・大阪は和食を含めて日本文化の中心だった。つまり、昆布は日本料理の基礎をなすのだ。

昆布の消費は日本全国に広がる。産地から遠く離れた沖縄料理でも、沖縄人が大好きな豚肉との相性がよく、昆布は不可欠の食材だ。昆布の熟成のさせ方や、昆布出汁のひき方や使われ方は多種多様にあり、料理によっても変わるし、地域によっても変わる。昆布出汁は、日本料理のもっとも繊細な部分だ。

消費地の広さとは対照的に、出汁用の昆布の産地は北海道にほぼ限定される（厳密にいえば三陸もあるが、説明の都合上、しばらく北海道に限定し、適宜三陸に言及することにする）。日高昆布、羅臼昆布、のように、道内のこまかい産地の名前を冠して流通する。海外を含めて昆布が採れるところは北海道以外にもある。ところが、それらは総じて味が薄くて出汁には使えない。食品加工の材料に使うことはあるが、産地名をとくに冠することもなく低級品の扱いだ。

しばしば、日本食が油をあまり使わずヘルシーになるのは、油に頼らずとも出汁によって味覚が満足できるからだといわれる。つまり、昆布の偉大さは日本食の偉大さでもあり北海道の偉大さでもある。なぜ北海道の昆布はかくも特殊なのか？　その謎解きをしていくと、以下に記すように、北海道農業、さらには、日本農業の原型がみえてくる。

宗谷を訪ねる

そもそも昆布は重要性が見落とされがちな食材だ。いまは化学調味料も発達しているから昆布がなくてもそれなりに調理はできる。しかも出汁は他の食材の引き立て役で、主役にはなりにくい。実のところ、私自身、恥ずかしいことに、長らく、昆布への関心が低かった。

私が昆布に注目するようになったのは、采野英明さんという出汁の専門家と出会ったおかげだ。彼は、「うね乃」という食品会社を営む。うね乃は京都の神社仏閣に昆布や鰹節を納入する業者として、一九〇三年に創業した。日本で初めて出汁パックを商品化した会社としても知られる。

戦後の化学調味料の普及により、同業者が次々と業容を変更していくのに対し、うね乃は古いタイプの商売に執着した。鰹節削りの専門の職人を、代々、自社内で訓練して養成しているが、おそらく日本中を探してもそういう職人を確保できているのはうね乃だけではないかと思われる。

采野さんは出汁全般に深い造詣を持つ。北海道内でもわずかな収穫場所の違いによって昆布は形状も品質も大きく異なると采野さんは熱っぽく語る。典型的なのが利尻昆布と稚内昆布だ。この二つの産地は北海道の最北部（つまり日本の最北部）の宗谷と呼ばれる総合振興局（二〇〇九年までは支庁と呼ばれた）に属し、地理的には二〇キロ程度しか離れていない。しかし、出汁をとると稚内昆布は力強さ、利尻昆布は繊細さと、対極的な味わいになる。

采野さんからこの話を聞いたとき、私はそれまで宗谷に行っていなかったのが悔しくなった。北海道は一四の総合振興局に分かれるが、私はすでに宗谷以外の一三の総合振興局はすべて訪問していた。取材させていただいた農家さんは一〇〇を超え、水稲、酪農、肉畜、野菜、果樹、花卉など、さまざまな作目の栽培を見学していた。大規模農業から小規模農業まで、近代的農業から伝統的農業まで、さまざまに見学していた。出かけるたびごとに、一見すると多様にみえる北海道農業に、深いところで何か共通するものがあるのではないかという漠然とした感触を強めていた。しかし、その「何か」がみえてこず、もどかしさを覚えていた。

采野さんの話を聞いているうちに、宗谷に行けば北海道農業の底流にあるものがわかるのではないかと心がうずいた。いうまでもなく昆布は水産物であって農産物ではない。しかし、農業は水産業や林業（これらは自然を相手にする生産活動という点で農業と共通する）との関係性の中でとらえなくてはならないと私は強く信じている。昆布のような素晴らしい食材が採れる場所を自分の目でみて肌で感じなければならない。そうすれば「何か」がつかめるはずだと私は考えた。

二〇一九年八月、かなり日程を無理やり組んで、初の宗谷訪問に出かけた。宗谷の空の玄関口は稚内空港だ。羽田空港からの飛行機が降下を始めたときから独特な地形に気づく。ため池が多い。これは真水の確保が難しい地域であることを意味する。北海道内でも少し南ならば大雪山系の雪解け水という真水が豊潤だが、この地はそれから外れている。もともと気温が低いうえに真水が足りなければ、通常の農業には向かない。

空港からバスに乗って、駅前のホテルに荷物を預け、太陽の光があるうちに少しでも長くこの地を観察したいと歩き始めた。事前に特段に予定した場所はなかったが、まず一帯を展望しようと、稚内公園の丘陵上にそびえる海抜一七〇メートルの開基百年記念塔を目指すことにした。

稚内界隈は寒冷なため、海抜が比較的に低い丘陵なのに高山性の丈の低い木々が支配的だ。おかげで散策道の見晴らしがよい。風あたりが強くて八月なのに肌寒さを覚える。近年、人口密度が低くて風の強い場所には風力発電の風車がよく設置されるが、当然のごとく、散策道のすぐ近くにも風車が並ぶ。しかし、肝心の羽根が回っていない。後から知ったのだが、冬場はさらなる強風となり、回転が追いつけず、風車が壊れてしまったらしい。

開基百年記念塔は一階と二階が歴史の展示で、それとは別に展望台行きの高速エレベーターがある。

通常の観光客にとっては樺太が見えることがこの展望台の魅力だろうが、私にとっては周辺の陸地のうねり方や河川の形状を一望できるのがありがたい。

私は、風景をみるとき、人間が手を入れる前の状況がどうだったのかを推察する。その後に文献などで情報収集して私の推察が当たっているかを確認する。そういう経験を重ねていくと、感覚がとぎすまされていくのか、だんだん推察の的中率が高まる。これは直感的なもので、具体的にどこがどうとはなかなか表現しかねる。いずれにせよ、本来の自然の姿と人為で変造された現状を照らし合わすのは、農業をはじめとして地域の実情を把握するうえできわめて有効だ。

散策道を歩いていたときから、このあたりは、海と陸の境界線がはっきりしない低湿地ではなかったのかという気配を感じていた。いまはもちろん、境界線がはっきりしているが、これは明治維新以降に入植してきた人たちが、近代的な経済活動をしやすくするために近代的土木技術を使って低湿地を海と陸とに切り分けたのではないかと推察していた。開基百年記念塔の高所で地域を広く見渡せば見渡すほど、その直感が強まっていった。

興奮する気持ちを抑えつつ、居合わせた記念塔の職員さんに「もともとはこのあたりの平地はどこが陸でどこが海だかわからない泥沼ですよね」と問いかけた。職員さんは、まさにそのとおりという回答だった。私はうれしくなって、職員さんと地域の歴史で話がはずんだ。

現代人は泥沼というと足場が固まらなくて、住むのにも生産活動にも不向きという負のイメージを持ちがちだ。しかし、私は日本の泥沼（低湿地と呼ぶ方が聞こえがよいかもしれない）こそが神様からもらった恵みと考えている。

泥沼の利点は多々ある。真っ先に指摘したいのが水産資源を育む効果だ。現代人からは見落とされがちだが、もともと日本人の食生活は沿岸や内水面での水産物で支えられてきた。これは、日本の地理上の特徴に由来する。少し長くなるが、地球儀を思い起こしながら説明しよう。

日本海の秘密

日本列島は細長いが、北海道から九州までがだいたい北緯三〇度から四五度におさまる。これは地球儀でいうと中緯度の偏西風地域に属する。この西から東への風に引っ張られると、海流も東に向かう。

日本列島の東側では、北から南へと親潮が、南から北へと黒潮が流れ込み、双方がぶつかって東へと海流の向きを変える。一般に、寒流と暖流がぶつかる海域は潮目と呼ばれ、多種多様の海洋生物が集まるし、海水が攪拌されて海底の養分が浮上し、大小の魚類が豊富に生息する好漁場となる。世界一の海洋面積を誇る太平洋にあって、親潮と黒潮はそれぞれ世界最大級の寒流と暖流だ。このため、単なる潮目を凌駕して、世界的にも比類のない好漁場が日本列島のすぐ東側に広がるのだ。まさに天賦の恵みだ。

では日本列島の西側の日本海はどうか？　実は、東側とは異なるメカニズムで、水産業にとって奇跡的な好条件が日本海にある。少々紙幅をとるが、以下にそのメカニズムを説明しよう。

通常、日本列島のあたりの緯度は寒流と暖流がぶつかって東向きに転じる（上述のように日本の太平洋側がまさにそうだ）。ところが、日本列島が壁になっているため、日本海の水が日本列島の東側へとは行きようがない（青函海峡からは東に行けるがなにぶんにも狭くて、日本海の水のごく一部しか青函海峡には向かわない）。

しかも、日本海は北側が間宮海峡や宗谷海峡など、外海との結節が狭隘だ。このため北側からの流れ込みはほとんどない。対照的に日本海南側の対馬海峡は広く、暖流の対馬海流がぞんぶんに流れ込む。したがって、日本海は緯度に比べて暖かい。

ただし、寒流から疎外されているにもかかわらず、意外なところから冷たい水が日本海に流れ込む。それはアムール川に代表されるユーラシア大陸からの河川水だ。ユーラシア大陸は世界最大の陸上面積を占める。当然にアムール川の水量は豊富で、しかも極寒のシベリアを通過しているから水温が低い。低水温の真水は酸素含有量が多くて重い。もともと日本海は深度が浅い。アムール川からの水は日本海の底へと沈み込んで酸素濃度の高い水塊となる。酸素は呼吸の源であり、水生生物の生息を助ける。

このように日本海は比較的暖かく、かつ、酸素含有も多いという特殊な海水になる。世界的にも稀有な性格を帯びる海水であるため、学術的には「日本海水」と呼ばれる。その日本海水が初めて北からの冷たい水にぶつかるところが宗谷だ。暖かい水は宗谷海峡をこえたあと押し戻されるように南東方向に流れていく。これは宗谷暖流と呼ばれる。普通は北半球の暖流は南からくるものなのに、宗谷暖流は北西方向からやってくる。世界的にみても稀有だ。

興味深いことに日本海水が、日本海からこぼれでていく場所と出汁昆布の産地は符合する。水盤にインキを落とすと、複雑で美しい模様を描きながらインキが水に溶けていくように、利尻、稚内、根室、三陸、それぞれの水域で固有の水質が生まれ、それが産地による昆布の形状と味わいを変えているのだ。

二百海里問題と北海道漁業

話を稚内に戻そう。泥沼が広がっていたとき、この地は水産資源の宝庫だった。この地は、酸素をたくさん含み緯度に比較して暖かめの日本海独特の海水が、南から押し上がり、しかも外海（オホーツク海）の冷たい水ともぶつかりあい、多種多様な魚介が得られた。

さらに稚内に特徴的なのは強い西風だ。これが海面を荒立て、浮遊する昆布を陸地に漂着させる。このため、労せずして天然の昆布を収穫することができる。稚内界隈は縄文文化からアイヌ文化まで、長期にわたって生活が営まれた遺跡が残る。この地は農業には向いていないが、それを凌駕して水産資源が豊富なのだ。

稚内ほどの好条件は珍しいかもしれないが、そもそも、北海道は総じて内水面漁業と沿岸漁業の宝庫だった（残念ながら現在は失われているので過去形でしか表現できない）。明治維新以降の急激な近代化が始まるまで、北海道は主としてアイヌの地で、彼らは農耕よりも採取に依存した生活をしていた。コロボックルの伝説が語るように、自然の再生産力を維持するよう気をつけながら、豊富な水産資源を活用したのだ。アイヌは陸上民族にもかかわらず、サケという漁獲物を主食にしていたが、これは世界的にみても珍しい。サケだけではなく、ニシンが小樽界隈の海岸を埋め尽くすほど獲れたのも有名な話だ。また、地引網漁といえばふつうは遠浅の海辺でおこなわれるものだが、石狩川という内水面では戦前まで地引網漁がおこなわれていた。これも北海道の水産資源のもともとの豊富さ（少なくとも近代化以前までの）を物語っている。

いまでこそ北海道の沿岸漁業も内水面漁業も息絶え絶えだが、北海道が内水面漁業や沿岸漁業の宝庫だった時代は決して遠い過去ではない。たとえばニシンは一九五〇年代でも二五万トン程度とれていた。明治の最盛期の九七万トンに比べれば少ないが、現在の水揚げが一〇〇〇トン前後であることを考えると、終戦直後でもまだ巨大な漁業資源が残っていたことになる。

十勝に暮らす高齢者に聞くと、彼らの小学校時代にはヤツメウナギをはじめとしてさまざまな内水面の小動物を学校の行き帰りの道草で採っていたという。また、戦後もしばらくは豊富な地下水を利用した養鯉場が十勝にはたくさんあったが、いまはほとんど消えた。戦前のみならず戦後も北海道の内水面漁業・沿岸漁業の大幅な縮小が続いたのだ。

なぜ、北海道の沿岸漁業や内水面漁業が減退したのか？　その原因は複合的だが、少なくとも四点を指摘できる。第一は、乱獲だ。アイヌのように自然を畏怖し、再生産力維持を図る文化が明治以降に入植してきた人たちにはない。むしろその真逆で、目先の現金収入を求めて積極的に資源収奪してきている。

日本漁業の乱獲傾向は北海道に限らず、全国的に現在も続いている。長らく日本の漁獲規制は漁獲船のトン数制限などの「インプット規制」が中心で実効性がないとして国際的に批判されている。二〇一八年の漁業法改訂で漁獲総量を規制する「アウトプット規制」へ移行するかのようなポーズだけは取り入れたが、あいかわらず科学的根拠の伴わない「大甘」の規制で乱獲に歯止めがかかるとは期待できない（むしろ乱獲を助長しているようにみえる）。残念ながら、マスコミも学界も、魚介のブランド化による販売促進ばかりに熱心で、肝心の水産資源の損壊については話題から外すという傾向がある。改革派を標榜している「識者」も、うわべだけのアウトプット規制の導入を「鉾の収め時」と判断したのか、実質的に乱獲が止まっていない（むしろ助長されている）ことには、静観を決め込んでいる。第四章第七節で指摘したように、改革派を標榜している「識者」というのは往々にして改革を名乗ることが目的化していて本当に改革することにはあまり関心がない（改革の結果、不都合なことが起きたときに責任を問われるのをおそれているのだろう）。もちろん、従来のインプット規制を正当化しようとする保守派がよいともいえない。両者とも、現状（ないし趨勢）が大きく変わらないことを前提として、お互いを悪者に仕立てて自分を正義派のようにみせたいだけだ。改革派と保守派はあたかも対立しているかのようにふるまっているが、その実は肝心の問題からは逃避していて、両者はなれ合いの関係にあるのだ。この調子では乱獲傾向に歯止めがかかりそうにない。

第二は、近代的な土木工事だ。泥沼は道路や建物の設置に不便だし、コメを欲しがる入植者にとっては使い勝手が悪い。干上がらせたり、埋め立てたりして水田にできるならば、地権者としてはありがたい。

第三は、農薬や化学肥料の普及だ。農薬は害虫や雑草の駆除のために開発されたものだが、それ以外の動植物の生存をかく乱する場合もある。これによって生態系が崩れ、それまで生息していた魚介を激減させる。また、かりに漁獲できても、食物連鎖を通じて高濃度の農薬が残留していないかも気がかりだ。さらに、除草剤の中には土壌をもろくするものがあり、そうなると河川に土砂を流入させ、河川の生態系を乱す。また、農地からの排水中に化学肥料が残留しているため、河川を異常に富栄養化させ、雑草の繁茂などによってさらなる生態系の破壊をもたらす。

第四は、日本人の食生活の変化だ。内水面漁業や沿岸漁業の水産物は、小骨が多いなど、調理に手間がかかるものも多い。消費者が家庭で調理して食事を準備するのであれば対応できるが、消費者の簡便志向が進み、さらに食生活の洋風化も加わって、沿岸漁業や内水面漁業の水産物は食卓から消えていった。それとは対照的に、豚肉、鶏肉、豚肉ならば、冷凍保存も調理もしやすい。パン食に代表される食事の欧米化も、日本在来の食材である内水面や沿岸の漁獲物を消費する機会を減らした。魚介の中でも、遠洋での漁獲物を冷凍したものであれば、規格化しやすく、在庫も効き、調理もしやすいのでそちらの方が好まれるようになった。

北海道漁業の不振というと、二百海里問題がしばしば指摘される。戦後、日本の漁船は大型化して遠洋での漁業がさかんになったが、一九七〇年代に各国が沿岸から二百海里以内を排他的経済圏に指定したため、それまでの日本漁船による自由な漁労ができなくなったという事案だ。たしかに、二百海里問題の打撃は大きい。たとえば稚内の水揚げ高は、一九七四～一九七五年が二年続きの九〇万トン超えだったのが、一九七六年には一気に三〇万トンを切っている。

しかし、そもそも、他国の沿岸まで漁獲に出かけなくても北海道沿岸は水産資源が豊潤だったことを忘れてはならない。先述の理由で日本人自身が北海道の沿岸漁業を破壊してしまい、その結果、漁業者は遠洋漁業に向かわざるをえなかったのだ。もしも沿岸の水産資源を大切にしていたら、他国に対してその資源を自由に使わせないという意味で、排他的経済圏設定の潮流は、かえって北海道に有利になりえた。二百海里問題という国際事情の所為で北海道漁業が沈滞したのではなく、日本人自らが北海道漁業を破壊したのだ。

日本の海岸線の原型

これまで北海道を論じてきたが、海と陸との境界線がはっきりしないという点では、古い時代の本州・四国・九州でも同じことだ。たとえば、古墳時代にはいまの大阪湾から奈良盆地まで海と湖沼と陸地が混在していた。それに限らず、日本の各地で、いまはすっかり内陸になっているところでも、縄文遺跡から海洋性の魚介が発見されることがよくある。いまとなっては想像しにくいが、もともとの日本列島は海と陸の境界がはっきりせず、低湿地が広がっていたのだ。

正確なデータを取るのは難しいが、低湿地の減少は、土木技術的には、戦国武士（彼らは土木技術に長けていた）によって大規模な築堤・排水などが可能になったことが大きいだろう。これをベースに江戸期に活発に新田開発がおこなわれた。この新田開発は干拓を含めて平坦地でとくに多かった。後述するようにもともと平坦地は必ずしも農業に適した場所ではないが、江戸幕府は灌排水によって平地での農業の可能性を高めた。江戸時代の前半は人口増の時期だが、人口増を支えるだけの開田があった。

明治維新以降の近代的な工法の導入は、さらなる低湿地の減少を招いた。また、鉄道の発達によって内水面交通の必要性を減じたことも大きい。たとえば、大雨への対策として、強大な堤防を作って大量の水の流入に耐えさせるという高水工事と呼ばれる方法と、川床の浚渫とともに遊水池を作って河川の水位変化をなるべく緩慢にするという低水工事という方法がある。低水工事では低湿地が残りやすいが、平時でも遊水池のために広大な土地が必要となる。高水工事では堤防が決壊さえしなければ洪水を完全に抑え込めるのに比べれば、低水工事の方が洪水の頻度が多くなることも避けがたい。しかし、内水面交通を重視するのであれば堤防は荷物の搬入や搬出の邪魔だ。長らく、日本社会は内水面交通を重視し、低水工事を積極的に使ってきた。しかし、鉄道をはじめとする近代的な交通網が構築されるにつれ、かつては低水工事だったところも高水工事に置き換えられていった。かくして低湿地は激減する。

ただし、内水面交通は比較的最近まで残っていたことも忘れてはならない。戦前の大阪は東洋のベニスと言われるほど川が多く、輸送に使われていた。私が頻繁に訪れる岡山県瀬戸内市でも、いまはほとんど低湿地が消失しているが、昭和三〇年代まで、子供でも小舟を使って物資を運んでいたと聞く。おそらく、戦後の急速な自動車の普及が、内水面交通にとどめをさしたのだろう。

沿岸漁業・内水面漁業・農業

湖沼などの低湿地が多かったとき、日本は沿岸と内水面の水産資源に富んでいた。この秘密は、先述の海流の特殊性に加えて、山林の特殊性にも由来する。日本は落葉広葉樹が多く、降水量も豊富だ。このため秋から冬にかけての時期を中心に、大量の枯れ葉が山中に落ちて、雨や雪に濡れながら腐っていく。腐るという言葉にはマイナスのイメージを持つ読者も多いかもしれないが、腐るというのは細菌などによって分解される過程であり、その結果、栄養価が高くて空隙の多い腐葉土といわれる土壌を形成する。山中から河川や湖沼に流れ込む地表水は、この腐葉土をかんでいるために、栄養価が高い。それが低湿地に滞留することで豊潤な生態系を生む。また、海洋へとじわじわとしみだしていき、沿岸部の水質を富まし、水産資源を形成する。

日本は明治維新まで家畜を食肉の目的で育てるというのはきわめてまれだった。しばしば、これを殺生忌避という仏教文化の影響に結びつけがちだ。しかし、中国、韓国、台湾のように日本と同等かそれ以上に仏教文化の強い国々では、長年、家畜を積極的に食してきた。したがって仏教文化で明治維新以前の日本の食生活を説明しようとするのは無理がある。

そもそも、動物性タンパク質は人間の味覚を魅了する。世界各地の祭事において、豚の丸焼きだの羊肉の塩ゆでだの、饗宴の最大の目玉には動物性タンパク質がすえられることが多い。修行僧など、特別に自制を求められる立場にいるならばいざ知らず、一般庶民にとって、動物性タンパクの魅力は捨てがたい。

それでも日本人が家畜を食用にあまり飼育しなかったのはなぜだろうか？　家畜ではなく魚介が沿岸や内水面で豊富に獲れたからだ。いまでこそ魚介は高級品になっているが、比較的最近まで、魚介は低所得者の味方だった。それを物語るのが、いまから半世紀前の水俣病、新潟水俣病だ。不知火海、阿賀野川に面した漁民や農民が水銀汚染された魚介を食べて食中毒を発症したものだ。いずれも所得の低い人々の日常食として魚介が捕獲され、摂食されていた（汚染が疑われ始めていても、魚介を捕獲する以外は食材にありつけないという貧しさゆえに食べ続けた）。

それだけ日本の沿岸や内水面の水産資源は豊富だったのに、日本人が自ら壊してしまったのだ（この原因は北海道漁業の場合と同じで、①乱獲、②農薬・化学肥料、③土木事業、④食生活の簡便志向、の四つがあげられる）。だが、つい半世紀前までは豊富な水産資源があったのだから、それを復活させることは決して不可能ではない。農薬や化学肥料に頼らない農業はじゅうぶんに可能だ。また、河川管理にしても、必ずしも三面を連続的にコンクリート舗装しなくても治水管理は可能だ（本章第三節で紹介する佐藤均蔵さんの事例もそうだ）。

日本農業を代表する水田も、コメを生産するための装置とみなされがちだが、フナ、ウナギ、カメなど多様な魚介、昆虫などが生息していた。これらは人間のタンパク質源となるのはもちろんだが、そのほかにもさまざまな効果をもたらす。たとえば、魚介や昆虫の捕獲には大人も子供も加わり、遊びにも似た娯楽的な側面がある。また、捕獲を通じて魚介や昆虫の生態を学ぶという教育的な側面もある。

第三章第四節で指摘したように、現代は、世界的な穀類の供給超過にある。他方、天然のウナギ、カメ、ドジョウ、などは、高級食材だ。つまり、コメよりも魚介や昆虫の生息地として水田を利用するほうが、経済的にも賢明だった可能性がある。

豚と牛を考える

干支で年を数えるという習慣は東アジアで広くあり、日本のみならず中国、韓国、台湾、ベトナムでもみられる。ところが、日本以外の国々は干支の最後が豚になっている。そのほかの一一の動物は全く同じなのに、日本だけ豚が猪に置き換わっているのだ。

本来、豚はタンパク源として魅力的だ。メス豚は一年に二回お産をし、一回で一〇頭近く生む。豚は雑食のため、人間の残飯をそのまま餌にできる。中国でも韓国でも台湾でもベトナムでも、祝宴で豚肉は不可欠だ。日本にも縄文時代にいったん豚が入ってきたといわれる（原田信男『和食とは何か』角川文庫、二〇一四年、六三頁）。ところが、日本では、沖縄を除いて豚が定着しなかった。このため日本の干支に豚が入らないのだ。

日本人が豚を拒んだ理由として三点が考えられる。第一は、上述のように沿岸漁業・内水面漁業でじゅうぶんなタンパク質が摂取できたからだ。第二に、豚は泥んこ遊びを好むが、日本は限られた平地を水田にあてているため、そこに侵入されては困るからだ。第三は、鶏と相性が悪かったからだ。豚と鶏を同じところで飼うと、インフルエンザの対策上、好ましくない。鳥インフルエンザは新型が生まれやすいことで知られるが、直接人間に伝染することは比較的少なく、しかし豚への伝染は起きやすい。つまり、鶏→豚→人、という危険な連鎖を起こす可能性がある。インフルエンザの連鎖について、近代科学とは別の枠組みでわれわれの先祖たちは感得していたのだろう。

鶏は豚よりも飼育面積が小さくて済むし、もともとアジアモンスーン地帯のジャングルで誕生した動物なので、日本の地形や気候に適合している。日本は豚を拒んで鶏を選んだのだ。

牛については、肉や乳というよりも、耕耘や輸送を担う役畜として、さらには畦畔などの雑草を食べて糞にして肥料原料とするという糞畜として、長く日本で飼育されてきた。明治維新以降、アンガスなどの欧州の肉用牛品種と掛け合わされて和牛となっている。また、国産の肉用牛の多くは乳牛のオスか、和牛と乳牛を掛け合わせたもの（F１と呼ばれる）。いうまでもなく乳牛は海外からの導入だ。

つまり乳用でも肉用でも現在の日本の牛は外来だ。

戦後、日本人の食生活が欧米化し、豚肉、牛肉の需要が増大し、これに対応して日本国内で食肉目的での豚や牛の飼育が増えたが、外来だから日本の自然環境にはなじまず、病気になりやすい（欧・豪・米などと比べて日本の畜産農家の防疫における神経質さは気の毒に感じるときもある）。牛でも豚でもオスは生後すみやかに去勢されること、飼育密度が高くなりがちなこと、と畜場の係留スペースが狭いことなど、日本独特の飼育方法・食肉処理方法がとられており、欧米の動物愛護団体から批判の目が向けられている。しかも第三章第一節で述べたように、国内の牛や豚の飼育が多頭化しすぎて、さらに牛や豚の健康状態を害している可能性がある。

日本で急速に進む高齢化は、食肉需要を増やすと言われる（やや意外に聞こえる読者もいるかもしれないが、食肉業界ではほぼ定着した見方だ）。いまの高齢者は調理やゴミ出しに手間のかかる魚介を避け、ハム、ソーセージといった手軽な食品でタンパク質を摂る傾向があるのだ（高齢者といえども、タンパク質の摂取は必須だ）。もちろん若年層も食肉に対して旺盛な需要を示す。豚や牛の生理に合致した国々から積極的に食肉や乳製品を輸入し、安価で良質なタンパク源とすることを前向きに考えるべきだ。国内での肉豚・肉牛の縮小を前提にして、補助金も大型化支援ではなく縮小や離農を支援するメニューを整備していくべきだ。

2 15の提言

前節で日本農業の原型を論じた。もちろんすっかり近代文明が発達した今日の日本にあって、単に原型を礼賛するのは懐古主義に過ぎず生産的でない。日本農業の原型を踏まえつつ新たな理想像を本節では論じる。

ここでいう理想とは、将来世代（国の内外を問わず）に対して、どういう日本農業を送り渡すのが望ましいかという意味だ。いまの日本はすでに先進国として飽食を楽しんでいる。「宣伝だらけのハリボテ農業だろうと、利便性重視で食材のよし悪しが軽視されようと、途上国の弱者を痛めようと現下のわれわれが満足しているのならそれでいいではないか」という考え方をする読者も少なくないだろう。私もそういう考え方もひとつの知見と認めるし、まったく否定する気持ちはない。

ただ、私は研究者の立場から本書を執筆している。私の単なる思い込みなのかもしれないが、研究の真価というのは、将来世代にどれだけ貢献するかではなかろうか。もちろん、将来のことは誰にもわからないから何が将来世代の利益になるのかどうかも、誰にもわかりはしない。しかし、わからないけれども将来世代の利益を願って考えて行動するということは、現在を生きることの意味をみつめることでもあり、現世代のわれわれ自身にとっても幸福をもたらすものになるのではなかろうか。この過程は先祖供養にも似ている。先祖が供養されているかどうかは誰にも確認の術はない。それでも先祖の供養をしようとすることが生活の潤いになる。

理想を探る際の基本姿勢として三点を指摘したい。第一は、日本の自然条件を最大限にいかすことだ。日本は近代化以前から世界的にみても稠密な人口密度があったが、それだけ食糧の生産能力が高い天賦の自然条件の恵みが日本にあるのだ。

第二は、農業の主役は作物や家畜という農業の原点を重視することだ。現代社会においては商工業の論理が農業に入り込んできた。その結果、アウトソーシングが進み、イメージや利便性が強調されるようになった。これは商工業の利益に貢献したが、農業にとっては収益性を低め（あるいは補助金依存を強め）、さらには農業ならではの愉悦を奪うことが多々あった（第三章第五節参照）。商工業が農業の論理に合わすべきだとは考える必要はないが、少なくとも農業を論じるときには、まずは作物や家畜をどう育てるかに意識を集中するべきではないか。

第三は、農業を食用農産物の販売に限定しないことだ。農業者（あるいは研究者）と話をしていると、「野菜でもコメでも価格が安すぎて、農業だけでは食っていけない」という言い方がしばしばされる。だが、日本の歴史の中で野菜やコメだけを売って生計がなっていた時代はむしろ例外だ。たとえば戦前期の農家は薪炭、キノコ、山菜などの林産物が重要な収入源だった。農産物にしても蚕、イグサ、わら製品といった食用にならないものがかなりの比重を占めていたし、そのために費やす時間も長かった。

たしかに、一九五〇年代中ごろからの一五年間ぐらいの高度経済成長期は野菜やコメの値段が高く、それらを作ってさえいれば農家は潤っていた。だが、それは都市部を中心に人口が急増するという旺盛な需要と、農産物価格支持にふんだんに財政を投入できるだけの税収が日本政府にあったという、稀有な条件下での例外的な経験だ。それを基準にしてはならない。
以上の準備の下に、具体的提言を下記する。

提言1　量的拡大ではなく質の向上と安定供給をめざそう

農業の強さを生産量で測るという軽薄な思考が蔓延している。自給率向上を国是とみなす論調がその典型だ。このような発想は、体重で健康や美貌を測ろうとするのと同じくらい、危険で有害だ。しばしば、体重が軽いほどよいという「痩せ願望」というべき妄想に駆られて、摂食障害などの深刻な健康危害に至ることが社会的にも問題になっているが、それにも似ている。

農産物が量だけ取れても、品質が悪ければ、食べても健康を害しかねない。また、異常気象への対応力がないままに量だけ拡大すれば、豊凶変動が大きくなる。日本は高所得国だから豊作時にはダンピング輸出し、凶作時には緊急輸入をすれば乗り切れるだろう。しかしそれは途上国の農業者や消費者を攪乱することになる。海外の弱者の声が日本社会に届くことはあまりないが、だからこそ、彼らの立場を高所得国にあるわれわれは尊重しなくてはならない。それは倫理的な規範の問題だけではない。途上国の人々の間で高所得国の人々との生活格差に対する怨嗟がふくらめば、国際テロの醸成という形で実害がわれわれにもふりかかってくる。

そもそも、第三章第四節で説明したように世界の穀物生産は人口増加の速度を凌駕して増えてきた。とくに戦後に農業への補助金を強化した欧米各国で増産が激しかった。供給過剰に陥った欧米各国は、穀物を家畜の飼料に回したり、補助金つきで輸出したりして、穀物をさばいたが、それが途上国の穀物生産を痛め、家畜の高密度飼育による動物福祉問題・環境問題を引き起こしてきた。日本は、よくも悪くも水稲の生産調整が功を奏して、長らく穀物の増産はしてこなかった（水稲の生産調整は「減反」と呼ばれるが、いろいろな誤解が巷に流布しており、正確な情報は拙著『さよならニッポン農業』ＮＨＫ出版、二〇一〇年を参照されたい）。だが、水稲の生産調整は二〇〇四年に終わり、二〇〇八年からは補助金つきで飼料用米を作らせるという政策を「自給率向上」を錦の御旗に掲げて採用している。

補助金なしで飼料用穀物を国産米で置き換えようとすれば費用は少なくとも三倍かかる。このため、二〇〇八年以前は飼料用に水稲を栽培することは全国的にみても皆無に近かった。クズ米など主食用に流通できない低品質なコメの処理のために不本意ながら家畜の餌にすることはあったが、わざわざ家畜に食べさせるためにコメを作るという発想は、長らく農業者にはなかった。

二〇〇八年以降、飼料用米の作付け面積が急増し、二〇一七年には一四・四万ヘクタールに達した（稲発酵粗飼料用の作付けを含む）。同年の主食用の水稲作付け面積は一三七・〇万ヘクタールだからその一〇分の一以上になる。その後飼料用米の水稲作付け面積はわずかに減ったが、すっかり日本の水稲作の一翼をなしている。

飼料用米は家畜が食べるものだから食味を気にしなくてよいし、栽培管理もラクだ。飼料用米への補助金は総じて水稲生産者からは歓迎されている。だが、一度、飼料用米栽培の容易なやり方になじむと、難しいやり方に取り組む意欲も能力も低下しやすい。飼料用米を手掛けるようになって主食用米の栽培まで雑になるというのはよくあるパターンだ。

飼料用に開発された収量重視の水稲の品種もあるが、実際には主食用の品種をそのまま飼料用として栽培する場合が多い。この理由は、農業機械や乾燥調製施設が飼料用と主食用で共用になる場合に、飼料用に作ったコメが偶発的に主食用に混じることが起きうるからだ。このような混入はコンタメと呼ばれ、コンタメをおこせばコメ流通での信用を失う。農業機械や乾燥調製設備の管理（飼料用米を扱うか主食用米をはっきり切り分けて、切り替えの際にしっかり洗浄するなど）をきちんとおこなえばコンタメの可能性は最小化されるが、その部分に不安があれば、最初から主食用米の品種で飼料用に出荷するほうがよいという選択になる。かくして、日本人の主食をそのまま家畜に食べさせるということになるのだが、そうなるとますます品質のよいコメを作ろうという意欲がそがれる。もともと日本は水稲作の北限にあるため、玄米という独特の形態でコメが流通している。玄米流通では収穫直後に品質が判明するため農業者の品質向上への意欲を高める（古賀康正『むらの小さな精米所が救うアジア・アフリカの米づくり』農山漁村文化協会、二〇二一年）。しかし飼料用米栽培ではそういう玄米流通のメリットも無意味だ。

飼料用米への補助金は、もとをただせば国民の税金や国債（将来世代からの前借り金）だ。わざわざ農業者の腕前を悪くさせるためにこのようにして国費が浪費されているのは悲しいことだ。飼料用米への補助金は確かに水稲の国内生産量を増やす。しかし、そういう数字遊びに何の意味があるのだろうか。

飼料用米への補助金は愚策の一例にすぎない。さまざまな農業政策が、あたかも国内農業の生産量を増やすことが絶対的善であるかのようにみなして設計されている。しかし、先進国の穀物の過剰生産が世界的なゆがみをもたらしていて、さらに人口減による食料需要減退が見込まれるという日本農業の情勢にあって、国内の農業生産は量的には減らす方が望ましいのではないか。むしろ農産物の品質向上に傾注するべきではないか。

国内の総農地面積を削減するべきだ。戦後に開墾した農地は耕作に適さない場合が多いし、さらには提言4で指摘するように耕作がしやすい平地の農地でも転用を考えるべき場合がある。日本の気候に合わない牛や豚の国内総飼養頭数も減らしてよい。

提言2　農業・林業・水産業の境界線を壊そう

現代人は農業・林業・水産業という具合に産業の概念に境界線をひく。また労働と余暇という具合に時間の概念に境界線をひく。生産と消費という具合に活動の概念に境界をひく。たしかに、産業革命を契機とする近代化の中でそれらの境界線が明確になり、商工業が発展してきた。しかし、家畜や作物を育てるにあたっては、それらの境界線を絶対視する必要はない。

さらに、農林水産業の生産物についても弾力的に考えるべきだ。農業や水産業というと食料生産ばかりが連想されがちだし、林産物というと建材ばかりが連想されがちだ。しかし、蚕を育てたり貝殻を装飾のために採取したりするのも立派な農業、水産業だ。林産物にしても、木炭、キノコ、腐葉土、山菜、樹液（うるしなど）、燃材など、多種多様にある。

たとえば、現代人は水田をコメを生産するための装置として単純化する傾向がある。だが、もともと水田に生息していたのは水稲だけでなく、ウナギ、ナマズ、タニシ、などの魚介類、カメやヘビなどの爬虫類、カエルなどの両生類、バッタなどの昆虫などさまざまな生物もいた。伝統的な日本食では獣肉をあまりとらないので、これらはタンパク源として貴重な役割を果たしてきた。また、それらを捕まえるのは大人にとっても子供にとっても楽しみだった。また、水稲は穀粒をコメとして食べるほか、茎やもみ殻も生産や生活に活用した。たとえば、稲わらは家畜の敷料（畜舎内の床に敷くもの）として使えるし、草履や正月飾りを手作りするときの材料になる。もみ殻もたい肥や燻炭などの肥料の原料になった。

近代化の名のもとに現代人はコメの生産以外の価値を水田から取り除いてしまった。典型的なのが農薬の投入だ。それらは除草の手間を省き、より短い労働時間でより多くのコメを得るのに貢献した。しかし、農薬は害虫のみならず、魚介類、爬虫類、両生類の生育を困難にしたし、かりに生き残っていても体内に農薬を残しているからもはや食用に適さない。コンバインという収穫用の農業機械もコメを得ることに集中している。かつて、稲穂が稔ると農業者は鎌を使って水稲を根の近くから切断（すなわち、「稲刈」）し、束ねて竹さおに干した（この作業は「はさがけ」と呼ばれる）。風にさらして乾燥したら、稲わらと籾に分離（この作業を「脱穀」という）した（通常、コメは籾で保存して、脱籾して玄米にするか、さらに精米して白米にして食べる）。稲刈は適期が限られているうえ、はさがけまで短時間でおこなわなければならず、労働を集約的につぎこまなくてはならない。このため、集落が総出になって、Aさんの水田の次はBさんの水田というように順ぐりに作業をした（こういう協働作業は「手間がえ」と呼ばれる）。コンバインは水田を走りながら水稲を根の近くから切断して取り込み、機械の中で脱穀まで一気に進めることで一連の重労働から農業者を解放し、手間がえの慣行も不要にした。稲わらの部分だけをそのまま機械から吐き出させることもできるが、通常は機械の中で細かく切断し、水田にまき散らす。これは、稲わらがもはや手づくり工作の原料としては使われないことを意味する。現代は安価な工業製品がふんだんにあるのでわざわざ手づくり工作をしないで利便性重視というわけだ。

稲わらは、牛馬の敷料としていまでも重宝される。ところが、コンバインの普及につれて、稲わらの確保が難しくなり、海外から輸入する場合もある。輸入の稲わらは有害なウイルスが付着している可能性があるため燻蒸が義務づけられているが、どれだけしっかりできているかは不安がある。つまり、口蹄疫などの進入を阻止できないのではないかという防疫上の懸念にもなる。

前節でも指摘したが、コメを生産する装置として水田を純化したことが、合理的な判断だったのかも疑わしい。ウナギ、ドジョウ、カメなど、野生の小動物はおいしくて健康的なタンパク源だ。現在では高級料亭などで高価に買い取られている。こういう資源を残しておいた方が経済的にも心身の健康のためにも有益ではなかったか。

もともと農業、林業、水産業は相性がよい。魚粉や炭くずは養鶏の餌になる。竹ははさがけや釣りの竿になる。稲わらは定置網の材料に使われることもあるし、こも巻の材料となって樹木を保護する。農業・林業・水産業を一体化したものとしてとらえることは理にかなっている。

提言3　日本を世界的な耕作技能の養成基地にしよう

第二章で詳述したように、技能集約型農業（マニュアル依存型農業の対極）こそが、日本農業が進むべき道だ。技能集約型農業は、農業経営の収益性という点で好ましいのはもちろんだが、社会的利益という点でもさまざまな好ましい特徴を持つ。

第一に、そもそも技能集約型農業は作物を環境に融和的に健康的に育てるので、自然環境保護や健康増進という点で好ましい。第二に、地球温暖化による異常気象の頻発が予想される中、気象変動に強い技能集約型農業の有用性はますます高まる。しかも、技能集約型農業では個々の農家によって作り方に違いがでてくる。このバリエーションの存在は、気象による豊凶変動を緩衝する。逆にいうと、マニュアル依存型農業ではバリエーションも少なく、気象による豊凶変動が極端に触れやすい。悪くすると壊滅に陥って、社会全体に悪影響を与えかねない。

第三に、農業を超えて日本社会全体への貢献だ。産業革命後に長らく続いた工業化の時代には、商品や技術を画一化し、大量消費・大量生産を進めることで経済成長を遂げられた。ところが、一九七〇年代の石油危機以降の世界経済は「脱工業化時代」といわれ、ソフト産業が経済の主軸だ。ソフト産業では画一的発想の打破という創造的破壊が不可欠であり、そのためには、つねにさまざまな価値観や文化を社会に共存させておく必要がある。技能集約型農業は地域の特徴を反映しながら品種も技能も多様に進化していくので、まさにそれに合致する。農業者自身がソフト開発にかかわらずとも、地域色のある活動をしている者が社会により多く存在することで、ソフト開発への刺激となろう。

第四に、たい肥を中心とする日本独特の耕作技能は、今後の食肉需要の世界的増大への対応策としても国際的な有用性が高い。目下、アジアを中心に新興国で食肉への需要が急拡大しており、肉畜の飼養も急増中だ。畜糞をきちんと処理しなければ水質汚濁などの自然環境の破壊が危惧される。また、途上国ではいまだに農業で暮らしている人口が多い。こういう地域では、畜糞をたい肥化して自然環境と融和的に収量の安定化を図るという日本農業の耕作技能が有効だ。

世界的にみても、日本の自然条件は技能を磨くのに適した好条件が整っている。たとえば山がちな地形に大量の降水があるため、水系が短い。このため、ひとつの集落にいながら、体系的に自然の動きを整合的に体感できる。逆に揚子江やメコン川の源流ははるか何百キロも越えた異郷にあって、下流の人間には水位がなぜ変化するのかが実感しにくい。短い水系に山と平地がコンパクトにあるという日本の自然条件は農業の技能の習得・修練に適している。

また、日本ではわずかな緯度の差、あるいは同緯度でも日本側か太平洋側かで気象条件が大きく異なる。これは、ユーラシア大陸東端の中緯度地帯にあって、大陸とは日本海によって隔てられているためだ。日本では一つの山やトンネルを抜けるとがらりと気象が変わることが頻繁にあるが、これは地球全体の中でもかなり独特だ。そして、この気象条件のばらつきが技能を高めるのにも役立つ。技能を高めるためには、個々人の努力だけではなく、微妙に異なる内容を持った技能を持つものとの接触が効果的だ。

たとえば、雪解け水が多い地域に適した技能と、雪解け水が少ない地域の技能は異なる。しかし、農業者が雪解け水の重要性に気づかないまま、雪解け水が多い状況にしか通用しないような技能しか持っていない場合がありうる。平年どおり雪解け水が多ければ、いわば結果オーライ的によい耕作が続くだろう。ところが、異常気象で雪解け水が少なくなったときには、その技能は通用しなくなる。しかし、もしも、雪解け水の少ない地域で似たような作物を育てている農業者と事前に出会って、お互いの耕作の話をしていれば、技能の異同に気づいて、原因を考えるだろう。そのことによって、雪解け水の重要性に思い当たれば、異常気象で雪解け水が少なくなっても、すばやく対策が打てるだろう。そういう修正を積み重ねながら、農業者の技能は高まっていく。

せっかく日本は技能修練に適した自然条件・社会条件が整っているのだから、日本を世界的な耕作技能の養成基地にすることが好ましい。世界の各国から農業の技能を習得するために来日し、収得後は母国で活躍するのだ。

もちろん、日本と海外では自然条件が異なるので、日本で習得した技能をそっくりそのまま海外であてはめるのは無理だ。しかし、耕作技能の肝は、状況に応じて調整することにある。たとえば、本書の冒頭で紹介した小久保さんは農法という言葉を嫌っていた。彼自身は言葉で説明しなかったが、作物や家畜の声を聞いて融通無碍に動けばよいという意味ではないかと私は解釈している。いったん、日本でじっくりと技能を習得すれば、どこへ行っても、きっと役立つ。

私自身、海外の農場に出かけて、肥沃度などがだいたい見当がつく。日本は亜熱帯から亜寒帯まで広がり、山あり川あり離島ありで、国内にいるだけでいろいろなバリエーションを体得できる。その成果ではないかと思う。

提言4　平地での農業をやめよう

現代人は平地で一面に水田や畑が広がっているところこそ農業の適地だとみなす傾向がある。しかし、日本の歴史を振り返ると、まったく別の見方になる。縄文・弥生時代の水稲作の遺跡は、たいがい、山から平地へのつなぎ目付近にある。この理由は、少雨や多雨といった気象変動に対して、山から平地へのつなぎ目付近がもっとも対抗しやすいからだ。

つまり、山に近いと沢水がとれるので渇水のリスクが少ない。逆に多雨のときもゆるやかに傾斜があるので排水がしやすい。逆にいうと、平地のど真ん中は、少雨になると水の確保が難しいし多雨になると水没しやすい。冷蔵・冷凍といった近代的貯蔵技術がない時代には、収量の不安定化は生存の危機に直結する（現代においても冷蔵・冷凍は電力を多大に消費しており、冷蔵・冷凍にたよるのは経済的にも自然環境的にも好ましくない）。

しかも、化学肥料や農薬のない時代には、山の資源を活用することで農地への養分提供や病害虫の防除をおこなってきた。具体的には、山から腐葉土をとって苗床に使ったり、山際の雑草を牛馬に食わせて糞を取り、それを原料にしてたい肥を作ったりだ。炭焼きの過程で発生する木酢は貴重な防虫剤だ。農具の材料になる木や竹や、水路を造るための石も山に近い方が入手しやすい。生活という点でも、山には山菜、キノコなどの多様な食料（薬効がある場合もある）があるし、炊事や暖房に不可欠な燃材がたくさんある。

このように考えると、山から平地につながる場所こそが農業の好適地だったのだ。歴史を振り返ると、甲斐や会津など、山から平地につながる場所が豊富にあるところが有力大名の所在地だ。これも安定した強靭な農業生産力に支えられてのことだろう。

日本各地に「何某新田」という地名があるが、これは多くの場合、広大な平坦地（といっても山がちな日本の基準で広大なだけだが）についていて、江戸時代に開鑿されたものだ。江戸時代前半は人口が大幅に増加したと推定されているが、それに見合って、農業の適地ではなかった広大な平地でも水稲作を始めたのだ。

現代においても、質を目指す農業にとっては、山から平地へのつなぎ目が好適だ。たとえばコメの食味を向上させるためには清浄な冷たい水が不可欠で、山からの沢水を直接引き込みたい。平地は商工業の活動が多いため汚水や排ガスにもさらされがちだ。山の近くでは圃場の形状が小さくて形も定まりにくいが、有機農業や合鴨農業など、特徴のある農業をするにはかえってその方がやりやすい。群馬県沼田市の金井農園がまさにそうだ（拙稿「上州沼田の金井農園」『米と流通』二〇二〇年六月号）。

逆にいうと、広大な平地は、質よりも量を目指す農業や、マニュアル依存型で労務管理を重視するタイプの農業に向いている。いまは電動の灌排水設備が整っているから、想定の範囲内の降水量の変動ならば、ポンプアップや強制排水で対処できる。平地ならば区画が整っているから農作業をマニュアル化しやすい。化学肥料や農薬を使えば、山の資源に頼ることもない。平地は寒暖差が少ないので農産物の食味をよくするのには向かないが、日照時間が長いので量を目指すのには向いている。

しかし、だからといって平坦地を農地として使用するべきという理屈にはならない。量よりも質を重視し、安定生産を目指し、技能集約型農業を推奨するという本書の立場からすると、平地での農業に懐疑的にならざるをえない。

なによりも平地は、住宅や商工業施設などの非農業目的での用途が大きい。このため、そういう農地を転用して「土地成金」になるのはよくみられる（第四章で詳述したように「農地の錬金術」というべきいかがわしいお金儲けはその典型だ）。

根本的に発想を変えて、平地を農業には使わないという原則を持つべきだ。計画的に他の用途に転用するべきだ。ただし、これは平地をコンクリートで埋め尽くせという意味でもなければ資本主義に同調するべきという意味でもない。自然公園、鳥獣保護林、障碍者用運動施設、遊水池など、環境、教育、文化に配慮し、いまの日本で足りないものにするのだ。

このことに関連して、農林水産省は、農地には、農業生産のほかに、保水を高め、動植物の棲息地となり、景観をよくし、被災時の避難空間を与えるなどの好ましい効果があるとして「農地の多面的機能」と称し、政策的に農業や農地に保護（補助金、優遇税制、農外転用規制など）を与えなければならないという論陣をはっている。しかし、多面的機能が農業や農地の保護の理由になるのだろうか？現在の農業では、農薬や除草剤を多投したり、農業機械の燃料として石油資源を消耗したり、環境破壊の側面も少なくない。水稲が成長に伴ってメタンを発生させるため、地球温暖化を悪化させるという見方もある。

かりに多面的機能があるとしても、それが農業を続けるべき理由になるかどうかとは別問題だ。多面的機能を農業の副産物として扱うのではなく、堂々と環境、教育、文化などといった目的を明確にし、農業に限らず、どういう植生でどういう形状の土地にするかを考えるべきだ。たとえば農地を広葉樹の平地林へと転換してはどうか。それは、日本の自然に合致して、在来生物の住処にもなり、日本文化の原型を提供する教育的効果もあるし、景観的にもよい。このほか、水生公園にしたり、学校農園にしたり、遊泳地にしたりと、いろいろな方向が考えられる。

もしも平地での農業をやめれば、離農せざるをえなくなる人たちの新たな雇用先を確保しなければならなくなる。新たな土地利用に見合った、公園のメインテナンスなどの仕事に優先的に就けるように工夫する必要がある。

提言5　農業者が自分で使ったり食べたりするものはなるべく自分で作ろう

どんなに優れた農業者でも気象変動に完璧に対応することは不可能だ。また、石油の国際市況や日本経済の景況など、個々の農業者とはまったく無関係なことで農産物、農業資材、燃料などの価格が変動する。農業は土壌肥沃度や技能を向上させるためには長期を要するから、悪条件に見舞われたときへの抵抗力を持っていなければならない。

その際に有効なのは、平常時から現金支出を減らすことだ。そのためにも、林業や漁業との境界線の撤廃が有用だ。たとえば、山の落葉を拾い集めて、切り返しながら放線菌を増やせば、立派なたい肥になる。野菜栽培の支柱にしてもいまはプラスティックが多く使われているが、竹などで自給することができる。貝殻は鶏の餌や土壌改良に使える。

また、自給用（自家消費用）の農産品を増やすことも消費生活の現金支出を減らすことになる。自給用であれば見栄えを気にする必要もないし、とりたての新鮮な野菜や生みたての卵を味わうといった農業者ならでは贅沢も楽しめる。現在の農家は、作物を絞って販売用だけに栽培し、家庭生活で必要なコメや野菜はスーパーなどで購入する傾向がある。そのほうが買いたいときに買いたいものを買いたいだけ買えるから便利だという側面がある。しかし、利便性一辺倒だと失うものも大きくなることを意識するべきだ。

私は島根県益田市の匹見地区（日本の山村としては珍しく半世紀前の杉苗の植林ブームのときにあえて杉苗の植林をしなかったおかげで落葉広葉樹林がいまもしっかりと残り、清純な水と空気に恵まれておりワサビやアユの生息適地になっている）で沢ワサビの見学に行ったことがある。沢ワサビというと静岡県が連想されがちだが、静岡県のワサビは元をたどれば人間が移植したものだ。匹見地区はもともとワサビの自生地だ。栽培方式も静岡県の石畳み方式よりももっと野性味のある渓流方式だ。山道を延々と登って沢ワサビの栽培地に到達する。都会で出荷された後のワサビでもじゅうぶんにおいしいのだが、実際に生えているところまで行って、森林浴をしながら掘りたて擂りたてのワサビを食べると、別格のおいしさに腰が抜けそうなくらい感動の味にありつける（沢ワサビの辛みは劣化が速い）。沢ワサビを生産する者（および生産者に同行する者）のみに許される贅沢だ（匹見地区の魅力について、拙稿「「過疎発祥の地」のクロモジ焼酎」『米と流通』二〇二〇年一〇月号を参照されたい）。

提言6　山や川を遊び場として整備しよう

提言5で、購入ではなく自給を増やそうと提案した。それは工夫を凝らすことであって、楽しみと感じる人もいる。その一方、利便性を好む人には、自給を増やすのは不便で煩わしいと感じるだろう。

この個人差が生まれる要因はさまざまに考えられる。あえて大胆に最大の要因を集約すれば、幼少期の遊びにあるのではないかと私はみている。かならずしも農業者に限らないのだが、取材をしていていると「工夫好き」な人たちに遭遇するが、彼らに子供のころの遊びを聞くと、たいがい、山や川で遊んでいたという。たしかに、山や川の遊びというのは定型化されない。自分と自然とのコミュニケーションを通じていろいろな発見があり、喜怒哀楽に満ちている。

いまの日本の子供は動植物に触れあったり、自然の中で遊んだりする経験が少ない。欧米社会を礼賛しようとは思わないが、彼らは（そして高所得で高学歴な家庭ほど）、週末になると子供連れでキャンプなどのアウトドアの活動を楽しむ。それとは対極的に、日本では、週末も塾通いだったり模擬試験だったり、遊ぶといってもショッピングモールなどで、要するにアウトドアを嫌って人工的空間に浸かりがちだ。

ユーラシア大陸の東端の中緯度地帯という地理条件から、日本の夏は暑く冬は寒い。その日本で人工的空間に浸かるとなると、夏は冷房、冬は暖房に頼ることになる。これでは四季の感覚も育まれない。

水産物や農作物の加工場や出荷調整場で外国人労働者をよくみかける。労働力不足のためと原因をひとくくりにされがちだが、人数の問題ではなくいまの日本人が動植物への触り方を忘れていて、能力の問題としてできなくなっているのではないか。外国人技能実習生（名称は実習生でも実態は労働者）を雇っている農業者にインタビューすると、「日本人はすぐにやめてしまう」という声をよく聞く。外国人技能実習生を雇うと、技能実習生のあっせん団体への手数料などさまざまな費用がかかり決して労働費が割安になるわけではない。つまり、賃金節約のためではなく、日本人の能力不足を補うために外国人を雇い入れているのだ。

さらに困ったことに、「怪我や病気などの危険を避ける」という理由で、ますます日本人が室内にこもる傾向がある。典型的なのが小中学校で、野外キャンプや動物飼育がすっかり減った。皮肉なことに田舎ほどスクールバス通学タクシー通学になりがちで外を歩く機会が減りがちだ。

そして物理的にも、自由に使える野外空間が減っているという現状もある。もともと日本の山はいろいろな種類の草木が生え、人々が腐葉土や竹木を採取するなどで山中に頻繁に入っていたため、じゅうぶんに空間があり、子供の遊びにも使えた。しかし、六〇年前の材木ブームの時に、将来は建材として売ろうとして一律に針葉樹（主として杉）を植林し、しかしその後の賃金の上昇から間伐などの山の手入れを怠った結果、いまの山は、異様に細い杉の成木が密生しており、薄暗くて遊びに入るようなところではない。川にしても、過剰なまでにコンクリートで固めてしまった。周辺から農薬などの有害物質が流れ込んでいる危険性を考えれば、ますます遊びには適さない。

子供が山や川で遊んだのは決して遠い昔ではない。いまの五〇歳代後半かそれ以上の高齢層には、そういう経験をした人も多いはずだ。先に、林産物の積極的な利用を提唱したが、それだけでも森林内の空間が広がり、植生が豊かになるなど、山が遊びに使えるようになる効果がある。さらには、散策道を作ったり、鳥の巣をかけたりするなど、遊びの場を準備するなどして、子供が自然と山の中に入りたくなるような環境を作っていくべきだ。

川にしても然りで、稚魚や稚貝を放流したり、コンクリートに頼らない河川管理に切り替えたりして物理的に遊びやすくするとともに、農薬の抑制など、水質の安全性を高める必要がある。

山や川の遊びは子供の行動力や想像力を育むという教育効果がある（拙稿「山と人」『米と流通』二〇二一年六月号参照）。それと同時に、世代間のコミュニケーションの機会を与える。動植物とどう接するべきかは、経験者から学ぶことが多いからだ。これは、現代社会では貴重な機会だ。なにせ、家族が三世代で同居するというサザエさんの磯野家のようなケースはいまやごく少数派だ。そのうえ遊びでもスマホなど内にこもったものになると、ますます世代間のギャップが広がる。高齢者との接触が少ないまま大人になれば、高齢者の孤独死や介護施設での暴力などの社会問題を助長しかねない。やや大げさに響くかもしれないが、山や川を遊び場に変えることは、日本社会の人材革命だと私は考える。

提言7　アンチ地産地消

「宅配便のおかげで地酒ブームが起きた。地酒ブームのおかげで地酒が消えた」。上川大雪酒造の川端慎治さんの言だ。川端さんは、金沢大学工学部出身で、日本各地の酒蔵で働いてきた。かつて金滴酒造で働いていたときに大吟醸酒を全国新酒鑑評会金賞受賞へ押し上げるなど、杜氏として優れた腕前の持ち主だ。それと同時に、日本酒をとりまく社会環境への観察眼も鋭い。川端さんは酒造業界の風雲児だ。

地酒ブームの起こりは昭和五〇年代で、一般的には、旧国鉄の観光キャンペーンが引き金になったといわれる。しかし、川端さんは、そのころに興隆した宅配サービスを重視する。よくも悪くも、日本酒の世界は古いしきたりが残存しがちで、日本酒の流通ルートにもいろいろと制約があり、地方の酒蔵が都会の消費者に直接売りこむのは難しい時代が長く続いた。これを一転させたのが宅配便の普及だ。送料さえ払えば、地方の酒蔵から全国各地にいつでも好きなだけ送れるようになった。日本酒流通における宅配便の取扱量自体はさほど大きいわけではない。しかし、風穴があいた効果は大きい。これが契機となり、酒類のディスカウント店のチェーン展開など、日本酒の流通が多様化した。

かくして、地方の酒蔵にとって、膨大な人口と購買力を持つ大都市部が新たなターゲットとなった。都会人もこれまで知らなかった地方の酒蔵の情報に頻繁に接するようになった。これが川端さんがいうところの「宅配便のおかげで地酒ブームが起きた」の意味だ。

だが、このことは、どの酒蔵も大都市部の消費者の好みに合わせた醸造をするようになり、どの地方の酒蔵も似たりよったりの日本酒を醸すという画一化を招いたという。これを川端さんは「地酒ブームのおかげで地酒が消えた」と表現する。

もともと、地方の酒蔵は、地方ごとの生活水準・生活習慣に応じた日本酒を造っていた。たとえば、漁師町では甘ったるくて低価格の酒が好まれる傾向があるが、これは重労働のあと、刺身を醤油にどっぷり漬けて、酒の肴にしたからだ。東北の雪深い農村で、熱燗に適した安価な酒が好まれるのも、体を温めるためにひんぱんに燗酒を飲んだからだ。そういう、元々の地酒が消えて、都会人の好みに合わせるようになったのだ。

ここで注意するべきは、もともと日本酒は必ずしも地元産のコメに固執していたわけはないことだ。灘と伏見は酒造の二大産地だが、水稲栽培の適地ではない。江戸時代にコメの保管証書が貨幣代わりになっていたことでもわかるように、コメは全国的に流通する。酒造に使う仕込みの水は遠隔地から取り寄せるのは無理で酒蔵のすぐ近くで取水せざるをえないが、原料米の産地は地元に固執する必要はないのだ。むしろ、自然条件の地域差が激しい日本にあって、その地の生活習慣に根差した味付けや価格でこそ、本来の地元の酒なのだ。

似たような経験は、私自身、郷土の名物である出雲そばやぜんざいで感じる。もともと出雲そばはそば殻まで打ち込んで、黒くてごわごわして呑みこむときにのどにひっかかる食感だ。ぜんざいは、くどいような甘ったるさに特徴がある。ところが、出雲大社が都会の若い女性に人気の観光地となった結果、もともとの味ではなく、彼女らの好みの味付けに変わった。そばは白くて呑みこみやすくなり、ぜんざいはマイルドな甘さになった。垢抜けして、それ自体は悪いことではないが、こうして地方色が消え、本来の伝統食が消えていくのだ（伝統食が消えることの怖さを、提言15で詳述する）。

以上は主に日本酒についての議論だが、同じことは食材一般についてあてはまる。日本の文化・風習に詳しい河野友美氏は食材についても「もともと島国の中では、なるだけ遠いところから運ばれたものほど尊いという感覚がある」と指摘する（河野友美『食味往来』中央公論新社、一九九〇年、四七頁）。北海道の昆布や鹿児島の鰹節（鰹節というと高知のイメージがあるが、いまは鹿児島が最大の産地だ）が日本各地の郷土食で使われている（出汁も含めて）ことでわかるように、本来、その地でとれたものを使うかどうかは副次的な問題でしかない。

逆にいうと、現在の日本の地産地消にはいびつさがある。たとえば地元産のイチゴを材料にしたスイートが地産地消として売られるのをみかける。現在日本で人気のイチゴは外国で誕生した品種を基礎にしていて、温室内で人工的に作られた土壌（ないし土壌代替物）で栽培されることが少なくない。イチゴの収穫やスィートの加工には外国人技能実習生が携わっている場合も珍しくない。それでも地元産というのにどれだけの意味があるのか。

消費者の間には、地元産の方が鮮度がよいとか流通コストが低いというイメージがあるようだが、これもかなり疑わしい。今日の流通技術は発達して、遠隔地からも鮮度のよいものが入荷できる。輸送経費が流通マージンに占める割合は小さく、むしろ小売店の店先に出すために小分けしたり、総菜などに加工したりという、利便性を高めるためのサービスの部分でマージンがかさむ。

家庭の冷蔵庫の整理をしたり、食材が傷む前に保存が効く形態に家庭で調理したりする方が、よほど品質向上のためにも費用削減のためにもエネルギー節約のためにも効果がある。いじわるにいえば、そういう地道な努力を怠って、代わりに地元産をあがめることで問題から逃避しているのではないか？

もちろん、地元のものが悪いということを主張したいわけではない。結果的に地元産を選ぶことはあってよい。ただ、あくまでも、農作物としてのよし悪しで判断するべきであって、地元かどうかを主たる判断基準にするべきではない。かりに地産地消というならば、山菜、腐葉土、稲わら、ヤマブドウ、内水面漁獲物など、まさに日本の風土に適した動植物で、長距離移動にはあまり適さず、各地で長く消費されてきたもの（しかし利便性重視の現代社会で見捨てられがちなもの）の再認識の機会とするべきだ。

ただし、食品加工業者が地元の作物を使うことは二つの点で有意義かもしれない。第一は、農業者と加工業者がひんぱんにそれぞれの生産現場を行き来するようになれば、農産物の品質に対する理解が高まる。実は、先述の上川大雪酒造に、男山酒造、中央酒造、高砂酒造を加えて道央の四つの酒蔵は、上川地区酒米生産者協議会という地元の酒米農業者との交流組織に属している。かつて、蔵人（酒蔵で酒造に携わる労働者）は夏は自営農で冬場だけ酒蔵に来るというパターンが多った。この場合、蔵人はコメについての知見・経験があり、それが酒造にも役立った。しかし、いまの蔵人は非農家の出自で大学で醸造学を修めてきたというパターンが多い。それ自体は悪いことではないが、結果的に蔵人がコメについての知見・経験を欠きがちだ。また、道央地区での酒米生産の歴史が浅いこともあり、酒米農家も酒蔵がどういうコメを求めているかについて勉強中の段階だ。とくに、北海道では比較的最近に、吟風、初雫、彗星、きたしずくという四つの新たな酒米(正確には酒造好適米)の品種が開発され、高いポテンシャルを秘めつつもその形質が酒蔵にも把握しきれていない。こういう環境下にあって、上川地区酒米生産者協議会を通じて酒蔵が地元の農業者と交流し、彼らの酒米を買い入れるのは相互に利益がある。

地元の農業者と食品加工業者の提携が有意義になる第二の可能性は、通常の流通にはなじまないものの加工品としては利用価値のある、いわゆる「規格外品」の有効利用だ。たとえば、サトイモではほりあげの際に傷んでしまうものや小さすぎるものなどがどうしても出てしまう(ちなみに、小さいサトイモは大きいサトイモにはないみずみずしさがあって、それはそれとしておいしい)。これらの皮をむいて整形して真空パックにすれば、保存食などに使える。こういういわゆる「規格外品」と呼ばれるものは、わざわざ運賃をかけてまで遠隔地まで運ばれることはなく往々にして捨てられてしまうものだが、これらを産地で加工品に回せば資源の有効活用になる。

提言8　在来種の鶏を飼おう

先に内水面漁業や沿岸漁業の漁獲物がタンパク源および教育効果として重要であると説いた。これに加えて、鶏の重要性を指摘したい。先に牛豚の血統が欧州由来であり、それゆえに日本の気候風土が牛豚になじまないと指摘した。この点で、もともと鶏の原種はモンスーンアジアのジャングル地帯に棲息したといわれるだけあって、日本の気候風土にあった品種もある。現時点の日本の養鶏では、レグホンをはじめとして欧州由来の品種が数のうえでは圧倒的だが、「もみじ」、「さくら」、「岡崎おうはん」のように、すっかり日本の自然条件に順応している品種もある。

鶏は飼育のスペースも比較的小さくて管理しやすいし、毎日のように卵を産んでくれる。くず米、野菜くず、昆虫を食べさせれば飼育費用も抑制できる。自然農法を目指す人たちや当面の農業収入に不足しがちな新規就農者にとって、ながらく鶏卵は確実なタンパク源ないし収入源となり重宝されてきた。

また、牛豚と異なり、自家消費用であれば鶏を絞めて解体して食用にするのにはとくに資格は要らない。私は消費者自身で鶏を解体することを強く勧める。食事とは他の生物（植物であれ動物であれ）を人間の栄養摂取のために殺すことであり、実際に鶏を絞める経験をすることは、食事への感謝の念を醸成するためにも効果的だ。

提言９　外国人を農業経営者として迎え入れよう

近年の人手不足の深刻化を受け、政府は外国人労働者の大幅受け入れに舵を切っている。二〇一八年に創設された「特定技能」による外国人の日本国内在留においても、農業は介護に次ぐ多数の受け入れが見込まれている。さらに、通常は「特定技能」の雇用計画は、職場と外国人の直接の雇用契約が義務づけられるのに対し、農業に関しては人材派遣会社を通じての雇用契約も認めるという破格の処置がある。季節によって労働の繁閑が大きく振れるという農業の特徴に政府が配慮したものだが、それだけ、農業の人手不足が深刻だと政府が認識していることを示している。

たしかに、日本人は野外で活動する経験が不足しており、農作業をこなすだけの肉体的能力に欠く傾向がある。だが、かりに農作業をこなすに十分な人数の外国人を受け入れたとしても、解決できない問題がある。それは経営能力の不足だ。

他の人に農作業の指示をするにしても、どういう農業を目指すのかについてしっかりとした意識が必要だ。そういう精神面の強さがいまの日本人には不足しがちだ。各地に出向いて農業経営について話を聞くと、「地産地消」だの「有機農業」だの「六次産業化」だの「生産者の顔がみえる」だの、お決まりのスローガン（その正当性にも疑義があるが）の洪水や、愚痴っぽい政府・ＪＡへの批判や、補助金依存的な言動に、がっかりすることが多々ある。巷にありふれているキーワードに対して従順で、創意・工夫が感じられない。これは、いまの日本人が動植物とのコミュニケーションができないことの裏返しとみることもできる。作物や家畜がどう育つかに気持ちを集中させていれば、自然とスローガンや補助金に頼ることはなくなる。この点でも、途上国で自然の中で育ち、日本社会に欠乏するたくましい心身を持つ外国人に農業経営を担ってもらうべきだ。

私は農業に限らず、外国人労働者の取材もよくする。新聞奨学生、外国人技能実習生、外国人介護福祉士などだ。インタビューをしていると、彼らの間で、本田宗一郎氏や松下幸之助氏を尊敬しているという声をよく聞く。困難があればこそそれに立ち向かうという姿勢にあこがれるのだという。いまの日本人にそれだけの気概がどれほどあるだろうか。

プライバシーにかかわるので細かい事情は書けないが、食鶏のさばきで優れた技能を先代から継承し、食肉工場の経営主兼基幹労働者になっている中国人がいる。果樹園でアルバイトをしているうちに園主に見込まれて養女として迎え入れられ、後継者になった中国人がいる。彼らの行動力、向上心、同僚愛には頭が下がる。日本人に欠けているのは心であって労働者数という頭数の問題ではないと痛感する。

農作業は、今後、外国人にますます頼らざるをえなくなるだろう。その際、指示を出す側も外国人であれば、労使関係も円滑だ。また、農業経営者になる途が拓かれているとわかれば、指示を受けて働く外国人の側にもモチベーションが高まる。

提言10　途上国の農産物を積極的に買い入れよう

途上国の中には工業化によって都市部が繁栄に向かっていても、農業が立ち遅れたままで農村が貧困に喘ぎ続けるというパターンがよくみられる。この場合、農村の貧困層が都市部や先進国の富裕層に対して怨嗟の情を募らしたり、目先の収入を求めて資源収奪に走ったりしがちだ。途上国の農村の貧困を放置すれば、先進国の安全保障や地球的な環境保全も危機に瀕する（途上国の貧困を放置することは過度の焼畑などの地球環境破壊や経済難民や国際テロを助長しかねない）。

途上国の農村の貧困を解消するためには、先進国が途上国の農産物を優先的に買い上げる仕組みを作るべきだ。たとえば、インドシナ半島のメコン川流域は、広大な水田が広がる。日本が平地農業をあきらめてコメの生産総量を減らす分をこれらの国から買い上げるのだ。

実は、日本自身、高度経済成長期に似たようなことをしている。一九六〇年産米から導入された「生産費所得補償方式」による米価設定だ。当時は、コメは政府が全量買い上げるのが原則で、その際、コメの生産にかかった肥料や資材費などの諸経費に加えて、農家の労働に対する報酬を農村の労賃より高い製造業の労賃単価で計算して買上げ米価を算出した。このおかげで、高度経済成長の主役は商工業だったにもかかわらず、一九六〇年代を通じて農家の所得は非農家を凌駕するスピードで上昇し、一九七〇年代には農家の方が非農家よりも裕福という状態になった。また、都市の混雑が問題となる中、都市への人口移動を和らげる効果を持った。

「生産費所得補償方式」のような極端な方策をそのままインドシナ半島からのコメの買上げに当てはめるのは無理だろうが、契約栽培などを通じて、高く買い上げる仕組みを作ることはできる。たとえば、農薬の使用制限などを課したうえで、とくに貧困が深刻な地域から、一般的な相場以上の価格で買い上げるのだ。日本は先進国の中では後発国であったがゆえに、かつて欧米に植民地支配されてきた国々は日本に対して比較的好意的な感情を持っている。もはや経済力や軍事力では世界のリーダーにはなれない日本ではあるが、世界的な食料の安定生産や世界的な所得分配の公平化のための先鞭をつけることを通して、平和な国際社会に向けてのリーダーシップを発揮するべきだ。

提言11　人から土地へ

農業政策を論じる際、「どういう人が農業にふさわしいか」に議論が集中しがちだ。その典型が、一九九三年に発足した「認定農業者」の制度だ。行政が、農業者（法人を含む）の規模、年齢、投資計画などを審査し、「効率的・安定的経営」とみなしたものを、地域農業の担い手と認定するものだ。認定農業者になると、補助金などが得られ、農地のあっせんなどでも優先的に扱われるなどの優遇を受けられる。また、さまざまな農政改革の提言でも、大規模がよいとかハイテク農業がよいとか商工業者の新規参入がよいとか、理想の農業者像が描かれている場合が多い。しかし、誰が担い手として適当かを行政なり「識者」なりが判断できるのだろうか。どの職業でも、一見すると、単なる遊び人や失敗者と思われていた人が、新たなビジネスモデルを生み出して世間をあっといわせるということがある。行政や「識者」には革新者を見抜く能力はないと考えるべきだ。

そこで私が提案するのは、「ふさわしい人」を指定するのではなく、「ふさわしい土地利用」を指定するのだ。私はこれを「人から土地へ」と表現している（かつて民主党政権で公共事業見直しが行われた際に「コンクリートから人へ」のスローガンがにぎやかだったが、それをもじったものだ）。

ここでいう土地利用は、どういう作物を植えるか、どのような肥料や薬剤の使用を認めるか、どのような義務（たとえば共同水路の掃除）を課すか、など具体的で詳細なものでなくてはならない。

ここで重要なのは、土地利用の規則の策定も、運用も、地域住民全体でおこなうことだ。従来、日本では、土地利用の規則の策定も運用も行政任せになってきた。しかも「自分の土地をどう使おうと自分の勝手」という誤った私有財産権の解釈を振りかざして、自分の土地利用は好き勝手にしたがる。その一方で、他人の土地利用が（いかに遵法の行為でも）自分に気に入らないと、それを取り締まらない行政を批判するという、身勝手な行動がしばしばみられる。これは、「自分たちの住む地域のことは自分たちで決める」という参加民主主義の根本が日本に定着していないことを意味する。

「人から土地へ」の改革や、参加民主主義のあり方について、私は前著（拙著『さよならニッポン農業』NHK出版、二〇一〇年、および拙著『日本農業への正しい絶望法』新潮社、二〇一二年）で詳しく論じてきた。

本書では紙幅の制約があり、これ以上は論じないが、それらをぜひ参照して欲しい。

提言12　補助金を透明化しよう

現在、日本農業は総じて補助金漬けだ。ＪＡや農林水産省を批判し、革新的農業を気取っている農業者（ないし農業団体）でも、農業経営の内実は補助金頼みということは珍しくない。

もちろん補助金をすべて悪とはいえない。正当な理由があるのならば、それに応じて補助金を授受するのは当然のことだ。だが、補助金のもとをたどれば国民の税金だ。どれだけの補助金がどういう目的で使われるのかは公明正大でなくてはならない。正当な理由とみなせるかどうかや金額が妥当かどうかは、広く公衆によって監視されるべきだ。

現行の農業補助金には二つの深刻な問題がある。第一に、補助金で購入できる機器の規格が厳しく規定されていて、割高で非効率になりがちだ。創意のある農業者は、たとえば畜舎を建てるときに、わざと部分的に壊しやすくしておいて、使いながら修正する。また、資材や構造を工夫して割安に建てようとする。ところが、そういう創意を目下の農業補助金では発揮できない。そのうえ、補助金を受け取って設置した機材は規定された耐用年数の間は廃棄もできない。これらの制限が課せられるのは、補助金が趣旨に反する使われ方をしないように制御するためだ。だが、あまりにも四角四面すぎて、「農業資材業者を潤すだけ」という酷評もしばしば聞かれる。

第二に、誰がどういう名目でどれだけの補助金を受給しているかの情報がきわめて入手しにくい。行政に対して所定の法的手続きをとって、情報開示請求をすれば引き出せるのだろうが、それには手間がかかる。

この点で、ドイツ政府の補助金の支給方式が参考になる。定期的に、誰がどういう名目でどれだけの補助金を受給しているのかオンラインで公開している。膨大なデータなので逐一調べる人はまれだろうが、受給者には誰にみとがめられるかわからないというプレッシャーがかかる。実際、巨大企業が巨額の農業補助金を受けているという事例が発覚し、ドイツ政府が農業補助金の制度設計を見直したという事例もある。

日本の農林水産省も補助金で購入できる機器の規格については自由度を持たせ、情報公開のプレッシャーで目的外利用を防ぐという方が効率的だろう。また、補助金の支給額が適正かどうかについても、情報公開によって、幅広く意見を聞くことができるようになる。

そういう法的手続きを要する公式な制度変更を待たずに、個々の農業者も自分がどのような名目でどれくらいの補助金を受けているかを自主公開するべきと、私はつねづね提案している。補助金を受け取るのは農業者の権利なのだからそれ自体は悪いことではない。堂々と受け取って、公言するほうがよい。そうすることで、自分が補助金の趣旨を逸脱しないか、周囲の人たちにチェックしてもらえばよい。補助金を受け取っていることを隠すようなせせこましい魂胆を持っているような農業者では、作物や家畜とも素直につきあえない。

提言13　農業経営の詳細を記録し公開しよう

グローバル化は世界的な潮流でいまやそれにあらがうことはできない。グローバル化は単にモノの動きが国際化するだけではない。世界中の思わぬところから、クレームがつけられる可能性が増えることでもある。農業労働者の人権が守られているか、有害な農薬を使っていないか、家畜の動物福祉が守られているか、地球環境保護的な農法がとられているかなど、これまで想定していなかった内容のクレームがいつどこから来るかわからない。それへの対応を間違えると、厳しいバッシングを受けるかもしれない。

対策として有効なのは、農業経営の詳細を記録にとどめ、積極的に開示することだ。そんなことをすればわざわざクレームを招きかねないと危惧する見方もあるかもしれないが、そういう見方は間違いだ。詳細な情報を公開することで、どこを直せばよいかがはっきりするからだ。情報が不明だと感情的な不信感が増幅し、問題解決から遠のくばかりだ。

クレーム対応を離れても、詳細な記録は農業経営の改善に確実に役に立つ。さらには、クラウドファンディングなど多様な資金調達が可能になる。異常気象などの被害があったとき、保険型の補助金を申請するにあたって、証拠を明確にできる。食品表示規制が強まる中、それへの対応も容易になる。

提言14　消費者は家庭で調理しよう

食事とは、人間の生命のために他の生命を犠牲にする行為だ。包丁で切ったり、熱湯につけたりという行為は、まさに、動物や植物の最後の姿を看取る作業でもある。そういう行為を通じてこそ、生きている時間のありがたみを感知し、個々人の幸福へとつながるのではないか。

よく、人間の幸福はお金ではないとか地位ではないとかいう。では、何が人間の幸福なのだろうか？　私は「メシが美味い」というのが、人生の幸福ではないかと思う。貧しい人や失意の人が、家族の団欒の中で一口のスープをすすって至福を得ることがある。どんな人にも、工夫次第で「ビル・ゲイツでもこれだけ美味いメシは食えまい」と胸を張るような食事ができるはずだ。そのためにも、自分自身で調理に向き合うべきだ。

第一章第二節で目利きが「無用の長物」になりつつあることを指摘した。この背後にあるのは、利便性への志向が高まり、家庭における調理が減少していることを指摘した。加工済みや調理済みの食材を中食や外食で買い求めるのではなく、消費者自身で調理してこそ、農産物のよし悪しがわかる。そのことが、農業者にとってもよりよい農産物を供給しようという励みにもなる。

家庭において調理すること大切さは、子供の健康にも重大な影響を与える。京都府大山崎町で料理教室を運営する森かおるさんによると、出汁をとるなどの調理の基本を欠く家庭が多いという。みそ汁ひとつとっても、出汁をひいて作ればおいしくて安全なものになるのに、出汁不要の化学調味料で味付けられた味噌をお湯にとくという安易な作り方をする家庭が多いことを嘆く。そういう家庭では、離乳食の段階から水に溶かすだけといった簡易なものに頼ることになりがちだ。そういう利便性重視の離乳食は保存料や化学調味料がふんだんに入っていて、子供の味覚形成を台無しにしかねない。

彼女の料理教室は「おうちでごはん」をコンセプトにしている。出汁をひく、魚をさばくといった、ごく基本的なことを生徒さんと一緒にする。ひと昔前まで、家庭の台所で親子が日常的に繰り返してきた光景が彼女の料理教室で展開される。彼女の料理教室に来て、家庭で調理をするようになって、家族の健康が改善したということも、しばしばあるという。現代人は、食生活において目先の利便性に心を奪われて、結局のところ、自分自身を不幸せにしているのかもしれない。

彼女は、リレッシュ食堂というユニークな取り組みを二〇一九年秋から始めている。一カ月間、同じ昼食を提供するのだが、入り口付近に大きな黒板があり、詳細なレシピが絵と文字で丁寧に記されている。この食堂で提供する昼食をヒントに、ぜひ各家庭で同じようなものを調理して欲しいというメッセージだ。リレッシュ食堂の昼食は栄養バランスはもちろん、食材や調味料に安全で良質なものが選ばれている。厨房で働くのは彼女の教え子ばかりで、みな、リレッシュ食堂で働くのを誇りにしている。食堂の採算は決して良好とはいえないが、彼女の挑戦が今後どのように展開していくのか注目したい。

提言15　伝統食・伝統農法を残そう

無形文化遺産に指定されるなど、和食が注目され、世界的なブームになっている。その半面、伝統食が消え去りつつある。かつて、各家庭で連綿として受け継がれてきた調理法や保存法が失われ、いまや復元不可能になっているものが少なくない。

時代とともに消えゆくものがあるのは当たり前であり、懐古主義的に伝統を称賛するのは生産的でない。しかし、伝統食の消失は将来世代に実害を与える可能性が高い。前出の河野友美氏は、「食べものは、日常的に意味を含んで生き延びるために出来上がってきたものである。とくに、その調理法や保存法の歴史の中には、重要かつ健康へのカギがかくされているとも考えられる」（河野友美『食味往来』中央公論新社、一九九〇年、三二三頁）とし、高度経済成長期以降に急速に伝統の調理法や保存法が失われていく現状に対して「いままで経験しなかったものが、健康上に襲い掛かるかもしれない」として「ある恐ろしいものも感じる」（三三二頁）と表現している。伝統食を伝えようとする際、細かい味付けなどはレシピなどに書きつけても伝わりにくく舌でしか伝わらない。また、野菜の品種改良が急速に進み、伝統食の素材自体が手に入らなくなりつつもある。つまり、よほど意識して行動しなければ伝統食は消えてしまうのだ。

和食と伝統食は区別されなくてはならない。その際に、建築家の野田隆史さん（竹中工務店勤務を経て二〇二〇年に大阪府堺市でＴ－ＡＤという一級建築士事務所を開業）が提唱する和風建築と伝統建築の区別が参考になる（野田隆史「WRITINGS 1897-2020」二〇二一年、非売品）。野田さんは、明治以降の近代建築に日本人の好みを取り入れてアレンジしたものを和風建築、長年にわたって日本に定着している伝統的な素材や様式によって建てられた建築物を伝統建築と表現している。前者の具体例として奈良ホテル、後者の具体例として寺社の様式建築をあげている。食事でいえば、牛丼やしゃぶしゃぶが和風建築の相似物、山野の薬草を使った伝統的な保存食が伝統建築の相似物といえよう。

以上は伝統食についての議論だが、伝統農法についても同様だ。第三章第四節で、種の多様性を重視する欧州の農業に対する考え方に言及した。科学的探究は決してたゆんではならないが、科学が万能だという思い込みは危険だ。人智に限界がある以上、伝統的なものを残しておかないと、未知の事態に遭遇したときの対応ができない。

たとえば、いまはウドの栽培では発芽時期を薬品で制御するのが一般的だ。伝統農法はウドの種の上に稲わらを敷いて発酵熱で発芽させるという方法だ。この伝統農法は、経験とカンが頼りで難しいが、収穫されるウドの味は格段によい。また、土作りの基本である発酵に関する技能を深めるためにも伝統的なウドの栽培方法は残すべきだ。伝統農法は経験者に師事することによって継承されるもので、一度途絶すると再現が難しくなる。

兵庫県豊岡市の水稲作では、通年湛水と農薬不使用の伝統農法が残され、水田に小動物が生息するようにしている。これは豊岡市に奇跡的に生き残った天然記念物のコウノトリが水田で餌を集められるようにという配慮で、「コウノトリ育む農法」として知られる。実のところ、二〇〇五年にコウノトリの野外放鳥が始まったとき、豊岡市でも長らく農薬使用がすっかり定着していたため、農薬を使わない水稲作の仕方が農業者にもわからなくなりかかっていた。農業機械メーカー（岡山県赤磐市に本社工場を持つみのる産業）の協力なども得て、なんとか伝統農法を再現したのだが、農法の多様性を失ってはならないという教訓とするべきだろう。

伝統食であれ、伝統農法であれ、量は決して多くなくてもよいから、いわば博物館的に残すべきだ。農業者も消費者も利便性志向が強まる中、伝統食や伝統農法は放置していればどんどんなくなっていく。それらを掘り起こし、保存を急ぐべきだ。

農業の事例ではないが、日本で長らく継承されてきたたたら製鉄が一九七六年に復活したのは、伝統を残す方法として参考になるのではないか。たたら製鉄は玉鋼と呼ばれる日本刀の原料を作る唯一の技法だ。戦後、たたら製鉄はほとんど消えていた。このままでは日本刀の文化も消えてしまうという危機感から、日本刀剣保存協会（日刀保と略称される）が主体となって、島根県横田町（二〇〇五年に隣接町と合併して奥出雲町となっている）にあった鳥上たたらを復活させたのだ。当時、たたら製鉄の設備や道具が老朽化しながらもまだ使用可能な状態で残っていたことと、安部由蔵さんと久村歓治さんという二人のたたら製鉄の元従事者が、一連の作業を身につけていたという幸運に恵まれ、たたら製鉄の伝統技法は継承された。たたら製鉄は四晩三日（たたら製鉄の作業は夜から始める）を通して高殿と呼ばれる建屋にこもり、ひたすら砂鉄を溶かして鋼に変えていく作業だ。爆発の危険と隣り合わせの重労働だ。日本の製鉄業の生産量からすれば微々たるものに過ぎないが、このたたら製鉄が復活し、安部さんと久村さんの技を若手が学んだおかげで、玉鋼がいまも生産されている。

伝統だからと言って、日刀保のたたら製鉄は昔のやり方を墨守しているわけではない。たたら製鉄で、現場の最高責任者は「村下《むらげ》」と呼ばれる。村下は四晩三日の間、ほとんど高殿を出ず、短時間の仮眠しかとらない。村下は血筋と技量の両方に秀でていないと名乗ることができないというのが戦前までの伝統だ。安部さんは村下の中でもとくに卓越した技量を持ち、戦前期に活躍していた。これに対し、久村さんは伝統的な基準でいうと村下の呼称には値しない。しかし、安部さんも久村さんもそういうことには固執せず、両人が村下の呼称を得て日刀保のたたら製鉄で働いた。たたらが復活した当時、お二人とも七〇歳を超えていて重労働の実技を披露するにはギリギリのタイミングだったといえる（久村さんは一九七九年九月に逝去されている）。

私事で恐縮だが、たたら製鉄が復活して間もない一九七七年から一九八〇年にかけて、私は地元の県立松江南高校に通っていた。当時、休眠状態だった学校の社会部を復活させて、部活動の一環として私は安部さんにしつこくつきまとった。一度、女子部員もまじえてたたら製鉄の現場を見に行ったことがある。ところが、現場に着いたら、事務方のトップの工場長が「そんな話は聞いていない」とカンカンに怒って私たちは追いだされそうになった。ところが、めったに高殿から出ないはずの安部さんがなぜかひょっこりと顔をみせて、「わすがすっとう学生さんだがね。えれてもええがね」と出雲弁でなだめてくださった（標準語にすれば「わしが知っている学生さんだ。入れてもいい」）。おかげで私たちは無事に見学を終えたが、当時の高殿は伝統に従って女人禁制を公称していたはずと思うのだが、このあたりも安部さんの柔軟さだろう。

安部さんのご自宅で戦前期に高殿で作業歌として歌われていたものを再現していただいたこともあった。そのときの録音テープが二〇〇六年に私が引っ越しで荷物を整理しているときにひょっこり出てきた。幸いにも音質が良好で、島根県の教育委員会に寄贈した。歌詞の記録はほかにもいろいろとあったのだが、節回しがわかるのはこのテープしかないと喜ばれ、ＣＤに焼きつけられた。目下、私は明珍宗裕さんと川島一城さんという二人の刀鍛冶と交流があるが、このＣＤをお聞かせしたところ、お二人とも伝説の安部さんの声と歌に感動して下さった（出雲弁はお二人には聞きとれなかったが）。

伝統を必要最小限でよいので残しておくことは将来世代への贈り物になる。伝統食だけではなく、伝統の農法や、在来品種など、いままさに消えようとしているものを急いで掘り起こし、博物館的な意味合いでよいから保存するべきではないか。

3　明日へのヒント

上述の一五の提言を実践するためには、消費者や生産者が全体として変わらなくてはならない。法制度の変更も必要だ。したがって、かりに私の提言に同意が得られる場合でも、個々人の努力だけでは実現不可能だ。また、一五の提案が実現した後の農業の姿を具体的に思い浮かべるのが難しいかもしれない。そこで、私が上の理想像を描くにあたってヒントを与えてくれた四人の農業者の事例を以下に紹介する。実のところは四人どころでは到底足りず、たくさんの農業者から学んでいるのだが、紙幅の制約上、絞り込むことをゆるされたい。

諫早市の佐藤均蔵さん

有明海諫早湾の水門が閉め切られて四半世紀になる。一九九七年四月以降、堤防の内側は陸からの淡水の流入のみで、新たな海水の流入はほとんどない。閉め切りを続けるべきかについて、「塩害克服を求める農業者と漁場確保を求める漁業者が対立」という構図で、いまだに報道が続いている。

だが、私が諫早に行くといつも、この対立の構図が虚構と感じる。もともと諫早は半農半漁の生活が定着していて、農業者と漁業者は同一だった。さらには林業とも結合し、安定的な地域経済があった。

その中でも、高来《たかき》地区はとくに農林漁業の結合がよかった。高来地区は、もともとは北高来郡高来町だったが、二〇〇五年に、いわゆる平成の大合併で諫早市となった。高来地区は山・川・海が箱庭のようにとりそろっている。北側に標高九九六メートルを誇る多良岳がそそり立つ。そこから広大な扇状地が南に開け、沖積平野がほとんどなく、緩傾斜地のまま有明海へとつながる。地図でみると見事に扇形の海岸線を形成している。河川水も伏流水も豊富で、干ばつの心配がない。

まず、戦後初期の高来地区を描写しよう。温暖で多雨なため、多良岳は落葉広葉樹がよく生える。落葉広葉樹は薪炭の原料に向いており、高来地区にはたくさんの炭焼き小屋があった。落葉が堆積して腐葉土になり、苗床やぼかしといわれる自給肥料の材料になった。また、腐葉土をかんだ水が下流部の農地や潟に養分を供給した。取水や排水がしやすい地形で、農業の豊凶変動が少なかった。

ウナギやシジミなど内水面の漁業資源も豊富だった。また、有明海は肥沃な水質で、漁にもいいし、海苔や牡蠣の養殖にも向いていた。しかも、遠浅で潮の満ち引きが大きいため、ムツゴロウなどの潮干狩りができた。

このように、戦後初期の高来地区は半農半漁に林業も加わって、自立性の高い経済圏ができていた。だが、いまの高来地区はそれとはほど遠い。腐葉土の採取や活用は手間がかかるため忌避されるようになり、いまや市販の苗土や農薬や化学肥料に頼るのが一般的だ。一九五〇年代の政府による杉の植林勧奨を受け、薪炭需要の減少とあいまって落葉広葉樹からの転換が急速に進んだ。杉は間伐などを適切に行いながら四〇~五〇年間育てれば、建材として高く売れる。しかし、杉林は落葉が少ないため腐葉土が少ない。また、杉は根の張りが弱いために、手入れを怠れば森林の保水力が弱まって表土が荒れやすくなる。残念ながら、植林後に賃金上昇と建材価格下落に見舞われて、高来地区の杉林は間伐などの適切な手入れがされないまま放置状態になり、年々、荒廃が進んでいく。

戦後の河川改修工事でコンクリートによる岸壁強化がおこなわれた結果、ウナギなどのすみかがなくなり、内水面の漁獲は激減した。いまや野生ウナギは高価な食材だが、かつては子供が学校の行き来の道草でも採れていたのに、もったいない話だ。たしかに岸壁の強化は必要だが、過剰なコンクリート依存が内水面の漁業資源を過度に破損したのではないかという批判が聞かれる。

一九八六年に始まった諫早湾の干拓と水門建設の工事は、海面漁業の場所を直接的に破壊した。一九九七年に水門が閉め切られると、ムツゴロウなどの小動物が死滅したがこれは予想の範囲内だった。ところが、予期しなかったことに、高来地区の伏流水の水位が下がり始めた。事後に判明したメカニズムなのだが、扇状地からの伏流水は有明海の海水にぶつかって地表近くへと押し戻されていた。水門の閉め切りで海面と断絶されると同時にこのメカニズムも機能しなくなったのだ。

佐藤均蔵さん（七四歳）は水稲作をしながら、高来地区の湯江と呼ばれる集落で「水番」を五〇年以上、続けている。「水番」とは、毎日、集落全体を見回りして、堰の開け閉めなどで農業用水の配分を調整する責任重大な役目だ。佐藤さんによると、伏流水の水位低下は深刻で農業用の井戸から水が汲み上げにくくなったという。さらには扇状地の全般的な地盤沈下をもひき起こし、地表の農業用水路の溝が痛んで水漏れしやすくなり、農業用水の確保がますます難しくなっているという。

やむをえず、あらたにポンプを設置し、河川水をくみ上げて農業用水として使っている。しかし、河川には生活排水などの汚水も流れ込んでいる。それでは作物の出来も悪くなるし、作物の安全性にも懸念がある。

佐藤さんは山にも所有地があるが、杉の植林は高来地区の自然に合わないと判断し、落葉広葉樹林のままにした。いまも自分の山から腐葉土を取ってきて、たい肥を作る。レンゲの根粒菌を活用した土作りなど、ていねいでエコな水稲作をする。佐藤さんの水稲作はプロの料理人から高い評価を得ていて、ＪＲ九州が運営する豪華観光列車「ななつ星in九州」の食堂車などに佐藤さんのコメが納入されている。消費者に安全でおいしいコメを供給したいと佐藤さんは強く願うし、水番としての責任感もある。佐藤さんにとって、水門閉め切り後の湯江の農業は、憂慮すべき状況だ。

何かできることはないかと思案の末、シジミの活用を思い立った。シジミは汚水を浄化する作用がある。高来地区にもたくさんのシジミがいたが、水門閉め切り後の水不足のせいか絶滅寸前になっていた。かろうじて生き残っているシジミを集めて増殖し、そのシジミを集落の最上流部から放流し、集落の河川や農業用水路をシジミで満たそうというアイディアだ。

佐藤さんは、仲間とともに、シジミを探し回って集めた。そして、シジミを増殖する方法を、三年かけて身につけた。次の段階は放流だが、ここで佐藤さんは地元の湯江小学校に声をかけた。長年、佐藤さんは湯江小学校の体験農業に資材提供や技術指導をしており、シジミの放流と観察を小学生にさせたかった。

幸い、湯江小学校の協力が得られ、佐藤さんの構想は「しじみの郷」という名称で二〇〇五年に実現の運びとなった。それ以降、毎年、シジミの増殖と放流を繰り返し、いまの湯江はあちらこちらでシジミがいる。もっとも、シジミによる水質浄化作用がどれほどあるかはわからない。しかし、「しじみの郷」の活動を通じて、水の大切さを小学生に伝えたいと佐藤さんは切望している。

残念ながら「しじみの郷」の活動は大海の一滴に過ぎない。水門閉め切り後、水門の内側の水質汚濁が年々、深刻化し、硫化水素が発生する場合さえある。河川からの土砂が水門内で堆積して干陸地と呼ばれる荒れ地を作っていてその面積は五〇〇ヘクタールを超す。この干陸地は害虫の巣窟なのだが地籍上は水面なので農薬をまくこともできない。干陸地からの害虫の飛来を警戒して、農業者がどぎつい農薬を散布する傾向がある。状況に改善の兆しはない（詳しくは拙稿「ギロチンの内側」『米と流通』二〇二〇年八月号を参照されたい）。

父島の森本かおりさん

父島をはじめとする小笠原諸島には固有の生物種が生息しており、「東洋のガラパゴス」ともいわれる。実は、外界から隔絶されて驚異的な進化を遂げるのは動植物だけではない。父島に、森本智道農園という独自の進化を遂げた農業経営がある。しかも、人口二〇〇〇人の父島社会全体を巻き込みながら、不断の変異を続けている。

森本智道農園は北袋沢地区という、人通りが少なく、あまり日当たりのよくない低地にある。耕地面積は三反程度と小さいが、奇抜な仕掛けが満載だ。農園に踏み入れると、まず腐敗臭が鼻をつき、蝿の集団に出会う。なにせ魚介を中心とする生ごみを年間二六トン受け入れている。小笠原で父島に次ぐ五〇〇人の人口を抱える母島が年間二四トンの生ごみを出しているが、それを凌駕する。一部は廃材チップと混ぜて年間で四トンの自家製たい肥づくりの原料にするが、余った分を農園にばらまく。もともと溶岩でできた島だし、気温が高いので養分がすぐに土壌から失われる。こういう豪快なやり方で養分を供給するのだ。残飯だけではなくダンボール古紙がそこらじゅうに放置されている。農薬やビニールシートを使わずに雑草の繁殖をおさえるためだ。段ボールの塗料が有害物質を含んでいないかを調べるために、ときどきめくって、ミミズがいるかとか土壌の状態をチェックする。

主に露地野菜を栽培しているが、いたるところを放し飼いの鶏とガチョウと七面鳥が歩き回る。食肉処理場がない父島では、牛や豚は飼いづらいので、家禽の糞で窒素を供給するのだ。もちろん、卵も売るのだが、拾いきれないほどの卵を産むものだから、放っておくとどんどん増える。適宜、自家消費用に絞めて食肉にする。ちなみに、七面鳥は上空への警戒心が強く、鷹の襲来があると真っ先に鳴き声をあげる。七面鳥の異変に気づくとガチョウがそのけたたましい鳴き声で鶏を含めて仲間に警告する。

農園の一角には蜜蜂の巣箱が並ぶ。夏の最盛期には一〇〇万匹の蜂蜜を飼う（ちなみに養蜂は畜産の一形態だ）。養蜂は腕前次第でかなりの現金収入を生む。また、干ばつで野菜が不作のときには野生の花がよく咲く傾向があり、経営の安定化になる。農園主の森本かおりさん（六一歳）のほか、三人の正規従業員が働く。市民農園的に野菜作りにかかわりたいという人も随時受け入れている。農作業はもっぱら午前中だけで、めいめいで午後は島の生活を楽しむ。

森本かおりさんは大阪生まれで、両親は洋菓子店を営んでいた。十代のときに同年齢の人たちが農業を「ダサいし、しんどい」といやがっていることに気づき、将来的にはきちんと農作物を育てられる人間こそが希少価値を発揮するだろうと予想し、将来は農業で生きていきたいと考えるようになった。中学校卒業後は農業高校に行きたかったが両親に反対されて普通高校に進んだ。大阪府立大学で農学を専攻し、卒業後は両親の稼業を手伝っていた。しかし、三二歳のときに経営方針をめぐって両親と対立して家出をした。両親が追ってきそうにないところへ行って、いまこそ農業をしようと、それまで縁もゆかりもない父島へ向かった。

父島では、最初は都立小笠原亜熱帯農業センターでアルバイトとして働きながら自営農業の機会を探った。しかし、行政の態度は冷たく、相談に乗るどころか、沖縄に行くことを勧められた。一九六八年に米軍から日本政府に小笠原の統治権が返還されて二〇年たっていたが、当時の行政は一九四三年に全島疎開させられた元島民とその家族の帰島をどう支援するかに関心が偏り、森本かおりさんは疎まれたのだ。

もともと父島には農地が少ないうえ、小笠原特別措置法によって農地法の転用規制が適用除外になっているため、商業用施設への転用の思惑で所有者は農地を手放そうとしない。それでも、週末などに島内の農家を訪問して父島の農業の仕方を学び、自営農業ができる日にそなえた。その中で、三二歳年上の森本智道さんと知り合った。二人は一九九五年に結婚し、すでに高齢の智道さんにかわってかおりさんが率先して農園を切り盛りすることになった。

結婚当初、「年寄りをだましやがって」という類の雑音はすさまじかったという。しかも、結婚して最初の三年は大型の台風続きで、父島じゅうの農地が荒れ、多くの離農者が出た。年齢からくる衰えで、智道さんも健康を害した。しかし、かおりさんは周囲が驚くほどの献身的な介護をし、また、必死で働いて農園を守った。智道さんは二〇〇九年に逝去となるが、智道さんの名前を消したくなかったので、農園の名前は変えなかった。「ふたりはお互いを尊敬しあい、愛し合い、素敵な夫婦だった」、森本智道農園で最古参の従業員の中田由美さんは、そう表現する。

小笠原には民間空路がなく、本土との交通は、東京の竹芝桟橋と父島の二見港を結ぶおがさわら丸という貨客船に頼らざるをえない。航海時間は片道で二四時間で、通常、六日に一回しか出航しない。おがさわら丸で本土から運ばれてくる野菜は鮮度が悪い。ところが、父島や母島では、もともと農家が少ないし、営農スタイルも農業ハウスを建てて本土向けの果樹を作ることが圧倒的で、島内向けの野菜作りは極端に少ない。気象が不安定なうえ、高温で病害が発生しやすいという小笠原の環境では、よほどの腕前がないと露地での野菜作りができないのだ。

小笠原特措法が適用されて政府が島民向けの財政援助に気前がよいことから、高価な鉄骨製の農業用ハウスでも自腹をあまり痛めないで建てられる。農業の経験が浅い人でも農業用ハウス内でマンゴーなどの果樹ならば比較的に栽培がしやすい。国産のトロピカルフルーツということで小笠原で果実を作って本土に持っていくと高く売れる（もちろん農協など関係者の努力があってこそだが）。

そういう中、森本智道農園は例外だ。島には食べ盛りの子供が多いのだから、なんとか新鮮で安全な野菜を供給したいと、森本かおりさんは島内向けの野菜栽培を優先する。それだけの農学の知識と実践力が彼女にはある。もちろん、前例のない農業をするのだから、勉強と工夫を絶やしてはならない。科学書を買い込んで知識を磨く。また、毎年一カ月程度、本土の各地をめぐって栽培の現場を観察している。

森本かおりさんが島民向けに露地野菜を売り始めた当初、島民は森本かおりさんの野菜を買おうとしなかった。島内産露地野菜はできが悪いという固定観念が島民にあったからだ。しかし、彼女は決して妥協はせず、正当と思われる価格を曲げなかった。そのうち、彼女の野菜はおいしいという評判がたつようになった。

父島の消費者は食の素材に敏感だ。コンビニも駅ナカもデパチカもないので、消費者が簡便に調理済の食品を買いそろえられない。その一方、あくせくお金儲けするのではなく、のんびりと生活を味わうという雰囲気が全島に充満しており、調理にしっかりと時間をかけるので食材の品質について敏感だ。森本かおりさんは、毎日、自分の野菜の評判を聞きながら農作業に励む。

森本かおりさんのモットーは、「お金をかけない農業」だ。気象変動など農業ではさまざまな予測困難な事象がおこるが、お金をかけていなければ、耐久力がある。そもそも、購入資材に頼れば、おがさわら丸が波浪で欠航した時にお手上げになる。父島の社会と経済をよく観察すれば、生ごみや廃材チップなど、島内には無料で調達できるさまざまな資源があり、それをどう活用するかは工夫次第だ。農場での試行錯誤はもちろん、たとえば、生ごみリサイクルを系統的におこなうルール作りを島民によびかけたり行政に働きかけたりすることもある。

森本かおりさんは、自分の農業だけではなく、父島の将来もつねに真剣に考え、そのための情報収集と分析を怠らない。旧運輸省などが本土までの航海時間を三分の二まで縮減するというテクノスーパーライナーの構想を発表した時には、父島での説明会で「実現出来っこない」と彼女は敢然と異議を唱えて会場を騒然とさせた。実際、一一五億円をかけて二〇〇五年に建造されたテクノスーパーライナーは、採算性が見込めないことから一度も就航することなくスクラップになった。彼女の慧眼と度胸を物語るエピソードだ。もっとも、万事がこういう調子だから、軋轢を生むこともある。とにもかくにも、父島のキーパーソンであることは間違いない。

宮若市のグリーンハート安田花卉

日本の国土の三分の二は山林だ。長らく、日本人は集落の近くの雑木林で、燃材、食材（山菜やキノコや薬草など)、日用品(箒や竿など)の資材、農業用資材(腐葉土や飼料など)を調達してきた。元来、人間の使い方次第で、山林はすばらしい持続可能な資源になりうるのだ。

だが、使い方を間違えると、山林は台無しになる。戦後の林業の主流がまさにそうだ。一九五〇年代の後半に建設ブームが起き、材木が飛ぶように売れた。もともと日本の山林は雑木林が多かったのだが、山林所有者はバリカンを当てるように立木を伐採して、その後に杉苗を一面に植えた。杉は間伐などの不断の管理が必要だが、五〇年経てば建材として高価格で売れるという見込みだった。ところが、その後の建材輸入自由化による建材価格の低下と、日本人の労働観の変化による山林労働の忌避により、何も管理されず放置されるようになった。かくしてひ弱な杉で過密状態に陥って今日にいたっている。これでは建材としても売り物にならないし、山菜もキノコも薬草も生えにくくなる。腐葉土も燃材も取れない。杉の根の張りが悪くて土壌流出が起きやすくなるし、生態系が壊れて野生動物の餌がなくなり、野生動物が人里に降りて危害を与えるようになる。春先の杉花粉の大量発生にもつながる。いまや日本の山林の多くは、経済・健康・環境の面で負の資産と化している。

ところが、例外的に豊かな雑木林に包まれて、物心とも潤いある生活が成り立っている地域がある。福岡県宮若市の小谷地区だ。宮若市は総体としては山中の盆地で水田が広がる。ただし、小谷地区は極端に山がちで農地が少ない。市内のほかの集落とは隔絶されており、戦国時代にルーツのある古い家がある集落なのに宗派がバラバラで旦那寺がないなど、特異な歴史を感じさせる(私は、監禁・訓練・特殊植物栽培のために使われた集落だったとみている)。

もともと小谷地区は建材の切り出しには不向きな地形だったため、杉苗の植林はあまり進まなかった。さらに、小谷地区は一九八〇年代まで、薪炭、竹製品、タケノコ、シイタケ（原木栽培）の生産が活発だった。これに山菜、榊などの半ば自生の林産物と、墓参用のキク栽培を加えるというのが小谷地区の標準的な生計のなし方だった。このスタイルには杉林は不向きなのだ。

宮若市の近在は採炭業がさかんだった。抗夫たちはモルタル壁（中に竹を入れる）の簡素な家に住み、籠などの竹製品や薪炭が職場でも家庭でも多く使われた。また、当時はどの職業の家でも門松をこぞって飾ったし、祭礼の花は欠かさないし、季節の味覚として山菜、タケノコ、シイタケを愛でた。しかし、炭鉱の閉鎖、石油エネルギーへの転換、貿易自由化（中国産農林産物の流入）、家庭生活の近代化（季節感の喪失や伝統行事の縮小）、という具合に、状況が不利になるたびに、ひと家族、またひと家族と、小谷地区から去っていった。

しかし、安田克徳さん（六四歳）・節子さん（六六歳）ご夫妻は、自然の恵みをこよなく愛し、この地に住み続けた。去っていく人たちを見送り、彼らが残していく山林の管理を引き受けながら、安田さんご夫妻は事業を拡大していった。伝統的な商品に対する需要は減退していくが、それ以上の速度で作り手が減っていくのだから、経営次第で生き残れるはずだという読みが安田さんご夫妻にあった。さらに、イベント用の花木という新たな需要が伸びることも安田さんご夫妻は察知していた。安田さんご夫妻が取扱う商品の種類も量も増えていくが、そのぶん雇用をして地域とのつながりを深めていった。管理する山林が増えていくが、観賞用の桃や梅といった、苗さえ植えておけばあまり手間をかけずとも数年後には枝を出荷できるものを活用することで対処した。

安田克徳さんは小谷地区の生まれで子供のころから山遊びに明け暮れるという野性的な側面と、農業高校卒業後も4Hクラブ（若手農業者の勉強会）に熱を入れるという理性的な側面を併せ持つ。この4Hクラブの縁で、「アネゴ肌（安田克徳さんの言）」で福岡県赤村出身の節子さんと二二歳で結婚するが、愛妻の手料理で晩酌を楽しむのを至上の喜びとするというよき家庭人でもある。

安田さんご夫妻は二〇〇三年にグリーンハート安田花卉を立ち上げ、法人格を取得した。グリーンハート安田花卉の収入源をみると、正月飾り、山菜、タケノコ、花木の小枝、しめ縄など、農業とも林業とも製造業とも判定しにくく、一昔前の百姓仕事をそのままリストアップしたかのごとく古風な印象を受ける。だが、その経営管理は先取と創意に満ちている。

とくに資金管理はグリーハート安田花卉の中核だ。苗を植えてから成木になるまでに時間がかかるし、どれくらいの値段がつくかもわからない。大雨などの災害や病虫害もおこりうる。しかも、花卉の販売は、現金授受のタイミングや価格のつけ方が複雑だ（季節や売り先によっても異なる）。野菜や穀物のような公的保険の仕組みもないし、融資を受けたくても山林では担保になりにくい。これらのリスクを織り込みながら戦略的な資金繰りをしなくてはならない。

この中核問題に関して、地元の税理士である半田正樹さんの助言・指導・診断をグリーンハート安田花卉は受けている。安田さんご夫妻が法人立ち上げを模索している際に半田さんと知り合った。安田さんご夫妻のひとがら（および安田家の食事）に半田さんは魅せられて、何度も通いながら特製の会計システムを作り上げ、綿密な資金管理の礎とした。

安田一平さん（三七歳）、末吉綾さん（四〇歳）という二人の子供も、それぞれ七年前、一八年前にグリーンハート安田花卉に加わった。とくに安田一平さんは、ブランチフォーライフという自前の会社も持ち、花を使った会場設営でホテル業界や華道界からの信頼が厚い若手起業家でもある。安田一平さんもまた、自身の感性は山遊びからはぐくまれたと自覚する。小谷地区の雑木林は日差しがよく入り、草木の芳香が漂い、虫やら鳥やらの息吹きに満ちていて、自由闊達に遊べる。豊かな自然環境は、優れた人材育成の再生産の場でもある。

愉快で素朴なハーブ苗農業

好奇心がおもむくままに浮草のように暮らしているうちに、不思議な天職に落ち着くことがある。島根県松江市でハーブ苗の栽培・販売をおこなう前田憲治さん（五一歳）もその一例だ。一八〇〇平米という狭い借地農業で一五〇〇万円の売り上げがある。全国に顧客を持つと同時に、近所の高齢者や障碍者の雇用をも生んでいる。ニッチな需要を発掘した革新的農業者なのだが、本人はいたって気負ったところがない。以下、彼の人生経路をたどる。

前田さんは一九六九年、松江の大工の家に二人兄妹の長男として生まれた。人なつっこく、奔放に好奇心を発揮する。子供時分は、仲間と一緒に自宅近くの川や沼で泥んこになって遊んだ。小中高と地元の公立学校で学び、部活ではバスケットボールに熱中した。自宅から通える島根大学法文学部に入学したが心理学を本格的に勉強してみたいと中退して、神戸大学文学部に入学した。神戸に行ったら、今度はハーブがおもしろくなった。最初は神戸の学生アパートでプランターでのハーブ栽培をしていたが、それでは物足りなくなり、松江の貸し農園を借りた。しばらく神戸と往復しながら学業も続けるつもりだったが、どうにもハーブ栽培にのめりこみ、またしても大学を中退し、松江に定住することにした。

ハーブには観賞用、アロマ用、調理用、とさまざまな種類がある。これまで日本人にはあまりなじみがなかっただけに未知の可能性を秘めている。神戸大学をやめた当時は漠然とハーブに関連する仕事で生計をたてたいと考えていた。とはいえ、まずは当面の現金収入を確保しなくてはならない。幸いなことに、自宅から五〇キロの大山の麓で、観光農園の開設準備中の会社で働かせてもらえることになった。そのほか、塾講師、家庭教師、パソコン教師など、いろいろなアルバイトもして糊口をしのぎつつ、自前で事業が展開できないかと探った。

松江に戻ってから二年後の一九九五年、ポプリ、香水、ハーブティー、オイルなどを展示・販売するSORAMIMIハーブショップを市内で開店した。もっとも、当時はまだハーブが一部の消費者にしかなじみがなかった時期だし、県庁所在地とはいえ人口約二〇万人の松江市ではほとんどハーブへの需要はない。当時は記録的な円高で、それを活かした輸入代行業にも取り組んで収益を補った。

SORAMIMIでは、売り上げのごく一部ではあるがハーブ苗も扱っていた。自宅近くの農地を借りて独学でハーブ苗栽培に挑戦していくうちに、栽培技術も徐々に自信がついていった。一九九八年に隣接の平田市（二〇〇五年に二市四町の合併で出雲市となる）でOLをしていた美知恵さん（五八歳）と結婚し、SORAMIMIをアロマショップのGreen Noteに衣替えしてその経営を妻にゆだねて、自身はハーブ苗栽培に力を入れることにした。

だが、せっかくよいハーブ苗が作れるようになったのに買い手が少なくて売り上げが伸びなかった。Green Noteの採算も原価割れを防ぐのが精いっぱいという状態が続いた。前田さんは公園のハーブ畑の設計・管理をしたり、ハーブに関する記事を寄稿したりで、収入を補った。二〇〇二年から、主にＹａｈｏｏ！オークションを使って、ハーブ苗の通信販売に着手した。しかし、これも買いたたかれることが多く、利益はほとんど出なかった。二〇〇七年、ハーブ苗販売用に自分自身でメールマガジンを立ち上げたが、これも当初は効果が薄かった。

ところが、二〇一二年にホームページを刷新したことをきっかけに、火がついたようにハーブ苗のインターネット通販が好調となった。それまではせいぜい三〇〇万円程度の年間売り上げだったのに、二〇一二年には一一〇〇万円、二〇二〇年には一五〇〇万円と着実に伸びてきた。この背景には、政治家や「識者」がこぞって「日本農業は成長産業」とはやし立て、「半農半Ｘ」や「里山資本主義」などといった日本農業美化の風潮が強まったという社会的背景もあった。つまり、いわばプチ農業のような軽い感覚で、自宅のプランターなどでハーブ苗を育ててみようという消費者が増えたのだ。だが、より重要なのは、そういう消費者を、固定客へとひきつけるだけの魅力が前田さんにあったことだ。購入者の大多数はハーブ栽培の素人で、次々と前田さんに栽培の仕方について問い合わせる。前田さん自身もずぶの素人から手探りで栽培の仕方を収得してきているので、懇切丁寧に説明する。売り上げを確保するためのアフターケアだが、それ以上にハーブ栽培の愉悦を共有することが前田さんの喜びなのだ。インターネット通販というと売り手と買い手の関係が機械的になりがちだが、前田さんの顧客はハーブ栽培の家庭教師の感覚で、前田さんとほどよくウエットに付き合っていける。

ハーブ苗の売り上げが伸びたおかげで、人手も必要になった。常雇一名のほか、定年退職やリハビリ中の近所の住人にアルバイト的に仕事に入ってもらっている。二〇一七年からは地元の授産施設と一緒にハンディのある人への労働機会を提供している。

農地を借りるにしても、中古の農業資材を譲り受けるにしても、生まれ育った地域のつながりがあってこそだ。ハーブ苗栽培・販売がようやく軌道に乗り始めたのだから、今度は雇用で地域に恩返しをしたいと前田さんは考える。

前田さんはハーブ苗農業に打ち込む、正真正銘の農業者といえる。だが、長らく農業委員会に無届けで農地を借りていたため、行政上は農業者として認知されていなかった。二〇一〇年の大雪でビニールハウスが倒壊し、再建の融資を受けられないかと市役所に相談したことがきっかけで、正式に届け出て認定農業者となった。もっとも、それによって前田さんのハーブ苗栽培・販売が変わることはほとんどない。

ちなみに松江は、「はじめ人間ゴン」、「ペエスケ」、「がんばれゴンベ」などの作品を生みだした漫画家、園山俊二（故人）の郷里だ。彼が描く漫画の主人公たちのように、無邪気に、純朴に、地域の自然と人間を愛しながら失敗・失態を積み重ねていく中で前代未聞のビジネスモデルが編み出されるならば、底抜けに痛快だ。

参考文献

Godo, Yoshihisa, "Japan's Unique Position in the World Food Balance, FFTC Agricultural Policy Platform (Food and Fertilizer Technology Center), 2017 (downloadable at https://ap.fftc.org.tw/article/1190).

Jentzsch, Hanno, *Harvesting State Support: Institution Change and Local Agency in Japan's Agricultural Support and Protection Regime*, Toronto University Press, 2021.

Mokyr, Joel, *Lever of Riches: Technological Creativity and Economic Progress*, Oxford University Press, 1992.

猪木武徳『経済学に何ができるか』中央公論新社、二〇一二年。

河野友美『食味往来』中央公論新社、一九九〇年。

古賀康正『むらの小さな精米所が救うアジア・アフリカの米づくり』農山漁村文化協会、二〇二一年。

神門善久「米政策研究会の米関税化シミュレーション・モデルの特徴」『農業経済研究』第六六巻第三号、一九九四年。

神門善久「農地流動化、農地転用に関する統計的把握」『農業経営研究』第三四巻第一号、一九九六年。

神門善久『日本の食と農』ＮＴＴ出版、二〇〇六年。

神門善久『さよならニッポン農業』ＮＨＫ出版、二〇一〇年。

神門善久『日本農業への正しい絶望法』新潮社、二〇一二年。

神門善久「１９７０年代以降の農地問題」深尾京司・中村尚史・中林真幸編『日本経済の歴史』第６巻（現代２）、第三章第二節、二〇一八年。

神門善久「人材ビッグバンのススメ㉔　酒造と水稲作の常識覆す北海道」『日経グローカル』第三六〇号、二〇一九年。

神門善久「上州沼田の金井農園」『米と流通』第四五巻第五号、二〇二〇年。

神門善久「ギロチンの内側」『米と流通』第四五巻第七号、二〇二〇年。

神門善久「「過疎発祥の地」のクロモジ焼酎」『米と流通』第四五巻第九号、二〇二〇年。

神門善久「山と人」『米と流通』第四六巻第五号、二〇二一年。

斎藤修『比較経済発展論』岩波書店、二〇〇八年。

東京財団「農業構造改革の隠れた課題」二〇一三年。

辻本雅史「歴史から教育を考える」辻本雅史編『教育の社会文化史』放送大学教育振興会、二〇〇四年。

日本銀行「金融システムレポート」二〇一九年四月。

野田隆史『WRITINGS 1997-2000』非売品、二〇二一年。

原田信男『和食とは何か』角川文庫、二〇一四年。

あとがき

　ここまで一貫して「日本農業の将来はどうあるべきか」として私の理想論を展開してきた。本書を閉じるにあたり、一転して「日本農業の将来はどうなりそうか」を大胆、かつ、シニカルに以下に論じる。結論から言うと、あと半世紀ぐらいのうちに、全面的にロボットと人工知能で食料生産（ならびに調理加工）がおこなわれるようになるのではないかと私はみている。それが望ましい姿とは決して思わないのだが、人々がそういう姿を求めている以上、実現するのではないか。

　本書の随所で①現在のハイテク農業は見世物程度で収益性はない、②人工知能だのみの農業は人々から愉悦を奪う、という私の見解を提示した。しかし、現代人の多くが、科学によって奇跡的な農業が実現することを強く願望していると私は感じる。歴史をふりかえると、人々の強い願望は、自然環境を破壊してでも、人類に災いをもたらしてでも、結局は実現してしまうものだ。

　経済史の世界的な大家のジョエル・モキール氏によると、自転車の発明（一九世紀前半）が自動車の発明（一九世紀後半）を生んだという（Mokyr, Joel, 1992, *Lever of Riches: Technological Creativity and Economic Progress*, Oxford University Press.）。リング状のものが起ちあがって転がっていくという原理自体は太古の昔から日常的に知覚されていたはずだが、長らく人々はそれを移動手段に使おうとしなかった。ところが、ひとたび、その原理を自転車に適用し、ラクに速く移動できるようになると、ますますラクに速く移動したくなり、その欲求が飛躍的な技術進歩を生み、半世紀程度のうちに自動車開発・実用化に結実したのだ。同じことが農業でも起こりうると私は予想する。いまは技術的にまったく足りないが、人々の願望が強いならば、クローンや遺伝子組み換えといった「禁断の木の実」を駆使してでも、最終的にはロボットと人工知能に任せきりで無人で農産物ができるようになるだろう。現代人の動植物に対するコミュニケーション能力の低下が続けば、ロボットと人工知能に頼らなければ家畜も作物も育てられなくなるという事態も起こりうる。

おそらく、その頃には、農業に限らず、人間の労働（管理や企画などの知的労働も含めて）の大部分がロボットと人工知能によって置き換えられ、政府からベーシックインカムが支給されて人々が暮らすようになっているだろう（オプションとして労働をする自由は認められるだろうが）。これに輸送や貯蔵の技術進歩がともなえば、農産物価格が低位安定化し、働かずとも食の心配はとくにないという状態になる。もしかすると、政府からのサプリメントなどの薬剤支給も添えられて、栄養学的な過不足を調整する仕組みもセットされるかもしれない。調理や加工や食後のあとかたづけもロボットと人工知能にゆだねて、人々のするべきことは、「完璧な据え膳」を食べるだけというわけだ。そうなれば、経済性・安全性・利便性のすべてにおいて非の打ち所がない（少なくとも現代人の標準的な知見としては）。

かりにそういうSFのような世界が実現するとして、人々は幸せになるのだろうか？　その真逆で、むしろ、不幸が待っているのではないか？　暖衣飽食の生活に浸かりきり、人々は無気力になって寝てばかりの生活になるかもしれない。逆にエネルギーの持って行き場を失って、人々は喧嘩に明け暮れるかもしれない。芥川龍之介の「芋粥」が描くように、人々は、おうおうにして、もしも実現してしまうと困ってしまうことを強く願望するものだ。あるいは、食事がきっかけとなって人々は人工知能の選択に身をゆだねることが習慣化し（つまり人工知能に対して従順になり）、日常生活の万事が人工知能に操られるようになるかもしれない（人工知能がそれを利用し始めるかもしれない）。

以上はやや極端にしても、将来的には人々が食料確保のために労働することがほとんどなくなることは視野に入れておくべきだろう（もちろん、それは、幸せを意味せず、私が本書を通じて提唱してきた技能集約型農業とは真逆だが）。そのとき、動植物を育てる愉悦のためだけの農業がかろうじて人々の手元に残るかもしれない。そういう意味においても第五章第三節で触れた前田さんのハーブ苗農業は未来の農業の予告なのかもしれない。

現代人は、野菜やコメを作って売るのが農業というイメージを持ちがちだが、本書の随所で指摘したように、戦前の農家は、非食料の生産に多大な時間と労力を割いてきた。ということは、現在の農業の形も長続きせず、遠くない将来において、前田さんが前震のように匂わせているスタイル（生育過程を楽しむだけで生育したからといって衣食には必ずしも使わない）がいろいろな作物・家畜で一般化しても不思議ではない。

ちなみにモキール氏によると古代ギリシャでは高度な科学の知識が生産活動ではなくおもちゃ作りに使われたという。現代人からすると馬鹿々々しく映るのだが、実のところは科学との賢明なつきあい方なのかもしれない。かりにそうだとしても、現代人がいまさら古代ギリシャ人の賢明さに立返るのは無理でロボットと人工知能による農業に向かうという流れは止まりそうにない。ただし前田さん

（ないし前田さんの顧客）のハーブ苗農業における科学の使われ方は古代ギリシャの色あいをわずかに帯びるのかもしれない。

未来の予言はここまでにしよう。いよいよ筆を擱くときがきた。私が日本語で一冊の本を書くのは、拙著『日本農業への正しい絶望法』（新潮社、二〇一二年）以来で一〇年ぶりだ。同書は新書とはいえ一〇万部近く売れたし、『プレイボーイ』などのいろいろな雑誌・新聞で取り上げてもらえたが、学術誌には書評は載らなかった（学術誌に書評が載らないのはサントリー学芸賞と日経BP・BizTech図書賞のダブル受賞となった私の『日本の食と農』（NTT出版、二〇〇六年）と同じ傾向だ）。幸か不幸か（おそらくたいへんな幸運なことに）、次の作品を書くように強く勧める出版社がなかなか現れず、ようやく二〇一八年にミネルヴァ書房から話があった。ミネルヴァ書房が企画・運営する究セミナーで四回講演し、それをもとに本にまとめるというプランだ。二〇一八年に四回（四月二〇日、五月一八日、六月一五日、七月二〇日）講演したが、その際の参加者との討論がきっかけになって内容を掘り下げて分析を追加していくうちに、当初の締め切りよりも約三年も遅れてしまった。ミネルヴァ書房で本書の編集担当の堀川健太郎さんと校正担当の冨士一馬さんに謝意を表する。

私は国内のどの学会にも属していない。本書は学術書に分類されるかもしれないが、私が執筆するにあたっては、リビングルームや待合室に放置され、気が向いたところを気が向いた時間だけ読まれることを想定した。このため、同じような説明が何度か出てくるが、くどさを感じさせないように努めた（もしもくどさがあると読者が判断するのであれば、私の力不足を謝罪する）。同時に、巻頭から巻末まで順番通りに精読する読者にも飽くなき思考の反芻にいざなうべく、話題を展開していく際に、時間軸と空間軸を意図的にひずませてみた（直線的すぎる道路は運転手の注意が散漫になりがちでかえって走りづらく、その対策としてあえて曲線を入れて道路を設計するのと同じ手法だ）。もちろん、この試みが成功しているかも読者の判断にゆだねる。

そのことに関連して、本書の論理展開の節々に矛盾があることも私は自覚している。私が解きほぐせなかったこと（つまり研究者としての私の欠損）が何なのかを読者に正直に伝えるため、矛盾を矛盾として明確にするように心がけた。

前作から一〇年かかったのは、日本語での発信機会はあてにできなくなるだろうと覚悟し、英語での発信を優先してきたのが直接の原因だ。とくに二〇一三年以降、シンガポール国立大学の東亜研究所と台湾の亞洲太平洋地區糧食與肥料技術中心で恒常的に活動してきた。そこでは、農業に限らず、太陽光発電、大阪都構想、マイナンバー制度、外国人労働、リーダーシップ論、税制改革、旧炭鉱問題、宗教論、水道事業、漁業法など、周囲にいる人たちの関心事にあわせて、いろいろな題材を英語で討論・執筆してきた。これは、私の分析対象を広げたし、私の思考や文章表現のスタイルも変えた。

また、この一〇年の間に世界各地（国内外で一〇〇ヵ所以上）の食肉工場を廻ったり、食品貿易の商談に立ち会ったり、地理学者の解説を聞きながらデンマークを自転車旅行したり、獣医さんたちと欧州の養鹿業を見学したり、農業関連だけでもキテレツな勉強の機会をさまざまに得た（農業関連以外にもさまざまにある）。あぶなっかしいことも楽しいことも、とても書ききれない。私は奇人・変人の類でみなさんをトラブルに巻き込むばかりなのだが、私のわがままを喜んでくださる奇特な人たちもいて、そのおかげで農業の真相に触れる諸々の機会を得た。個人名を書き連ねられないのが残念だが、敬意を込めて、「迷惑をかけてありがとう」と記す。

二〇一三年以前は一度も新聞や雑誌で連載の機会が私にはなかったのだが、『新潟日報』で四七回（二〇一三年六月から二〇一七年一〇月）、『日経グローカル』で二四回（二〇一七年四月から二〇一九年三月）、『米と流通』で二〇回を超えて（二〇二〇年四月から継続中）連載の機会をもらって、細々とながらも日本語での発信を続けられたことも幸運だった。

私が一九六二年一月生まれなので本書の出版がちょうど還暦にあたる。もしかすると日本語で一冊書くのはこれが最後になるかもしれない。私が勤務する明治学院大学の定年も遠くない。長らく自分が「先生」と呼ばれることに違和感・嫌悪感を抱いてきたが、もうすぐその呼称から外れるときがやって来る。研究者の肩書がなくなる前に、二〇一二年一二月に亡くなられた速水佑次郎先生（農業経済学・開発経済学）との約束を果たすべく、本書とは別角度からのアプローチを英語で披露するのが目標だ。

二〇二一年一二月

神門善久

人名・会社名・組織名索引

あ　行

か　行

さ　行

た　行

な・は行

ま　行

や・わ行

事項索引

な　行

は　行

ま　行

や・ら・わ行

《著者紹介》

神門善久（ごうど・よしひさ）

1962年　生まれ。
1994年　京都大学博士（農学）。
現　在　明治学院大学経済学部経済学科教授。
主　著　『日本の食と農』NTT 出版，2006年。
『日本農業への正しい絶望法』新潮社，2012年。
Development Economics (*3rd edition*)（共著者：速水佑次郎），Oxford University Press, 2005.

セミナー・知を究める⑤
日本農業改造論
――悲しきユートピア――

2022年 3月20日　初版第1刷発行　〈検印省略〉

定価はカバーに
表示しています

著　者　神　門　善　久
発行者　杉　田　啓　三
印刷者　田　中　雅　博

発行所　株式会社　ミネルヴァ書房
607－8494　京都市山科区日ノ岡堤谷町1
電話代表（075）581－5191
振替口座 01020－0－8076

創栄図書印刷・新生製本

ISBN978-4-623-09387-8
Printed in Japan